200 AUSGEWÄHLTE SCHACHAUFGABEN

Von

Otto Fuss und **Ferdinand Möller**

Mit 200 Diagrammen

Berlin 1939

Walter de Gruyter & Co.

vormals G. J. Göschen'sche Verlagshandlung – J. Guttentag, Verlagsbuchhandlung – Georg Reimer – Karl J. Trübner – Veit & Comp.

Archiv-Nr. 53 28 39 / Printed in Germany
Druck von Metzger & Wittig in Leipzig

Zum Geleit

Seit dem Erscheinen unserer ersten Aufgaben-Sammlung („150 ausgewählte Schachaufgaben", Veit & Co., 1908) hat sich auf dem Gebiete des Schachproblems ein erheblicher Wandel vollzogen. Besonders in den Jahren nach dem Kriege hat in immer zunehmendem Maße die „Neudeutsche Schule" an Boden gewonnen, deren Erzeugnisse in einem wissenschaftlich geordneten System auf logischer Grundlage aufgebaut sind, während die Vertreter der alten Schule sich bei ihrem Schaffen allerdings bestimmten Kunstbegriffen unterwarfen, im wesentlichen sich dabei aber dem freien Spiel ihrer schöpferischen Phantasie überließen.

Diese neue Richtung hat von früh an auch unser Interesse gefunden. Waren wir es doch, die als Preisrichter im IX. Problemturnier des Deutschen Schachbundes 1910 in Hamburg ihr durch einen Sonderpreis zum ersten Male überhaupt zu einer öffentlichen Anerkennung verhalfen. Auch in der Folgezeit hat sich an unserer zustimmenden Einstellung zu der neuen Schule, aus der manches bedeutende Meisterstück hervorgegangen ist, grundsätzlich nichts geändert. Dennoch können wir ein gewisses Bedenken gegen die Entwicklung, die das Problemwesen in den letzten Jahren genommen hat, nicht ganz unterdrücken. Denn wie liegen die Dinge heute? Fast alle jüngeren deutschen Aufgabendichter huldigen der Neudeutschen Schule. Kaum einer von ihnen macht auch nur noch den schüchternen Versuch, eine Aufgabe alten Stils zu verfassen. Ebenso erstrecken sich die Bucherscheinungen der letzten Jahre nahezu ausschließlich auf dieses Gebiet. Damit aber droht das deutsche Problemwesen mehr und mehr einer wenig erfreulichen Einseitigkeit anheimzufallen. Und doch wird niemand behaupten wollen, die eine Richtung sei weniger daseinsberechtigt als die andere. Beide Richtungen stellen unbestreitbar für unser deutsches Problemschach einen wertvollen Besitz dar, dessen Erhaltung unbedingt anzustreben ist.

Wir zählen beide zu den wenigen deutschen Komponisten, die, trotz aller Anerkennung der neuen Schule, der alten unentwegt treu geblieben sind, und wir haben geglaubt, daß es angebracht sein dürfte, gerade jetzt an Hand der vorliegenden neuen Sammlung unserer Aufgaben zu zeigen, daß auch die alte Schule noch lebt, und daß sie es wohl wert ist, nicht in Vergessenheit zu geraten. Vielleicht wird hierdurch der eine oder andere Verfasser angeregt, auch der alten Richtung wieder mehr Beachtung zu schenken. Dann wäre ein gut Teil unserer Hoffnung erfüllt, daß die Neuausgabe unserer Probleme für die Zukunft des deutschen Schachproblems nicht ganz ohne Nutzen bleiben möge.

Sämtliche Aufgaben des Buches sind sorgfältig ausgewählt und, nach dem Alter geordnet, mit möglichst genauer Angabe der Erstveröffentlichung versehen. Wenn trotz unserer eingehenden Prüfung die eine oder andere Aufgabe sich doch noch als fehlerhaft erweisen sollte, so wären wir für eine entsprechende Mitteilung an Otto Fuss, Hannover, Windmühlenstr. 2B, dankbar.

Hannover und Barsinghausen, Dezember 1938

Die Verfasser

Inhaltsverzeichnis

Das Verhältnis des Schachproblems zur Partie und seine Bedeutung für das Schach im allgemeinen

Über die Stellung des Problems im Rahmen des Gesamtgebietes des Schachspiels, sowie über seinen Wert und seine Bedeutung für das Schach im allgemeinen, herrscht vielerseits noch eine auffallende Unklarheit. Darum halten wir es für angebracht, der vorliegenden Problemsammlung einige Ausführungen über unseren Standpunkt in dieser umstrittenen Frage voranzusetzen.

Man begegnet häufig der Ansicht, die Beschäftigung mit dem Problem sei für die Spielstärke in der Partie nicht förderlich, sondern gereiche ihr eher zum Nachteil. Zur Begründung dieser Behauptung wird darauf hingewiesen, daß selbst bedeutende Problemkomponisten und Löser selten wirklich erstklassige Partien zu spielen vermöchten, während andererseits die meisten großen Meister der Partie zu ihren Erfolgen gekommen seien, ohne sich jemals ernstlich mit Problemen befaßt zu haben. Diese Beweisführung ist irrig! Daß tatsächlich nur verhältnismäßig wenige Problemer auch starke praktische Spieler sind, hat seinen Grund wohl hauptsächlich darin, daß sie sich immer vornehmlich mit dem Problem beschäftigen. Hätten sie die dazu aufgewendete Zeit zur Fortbildung im praktischen Spiel benutzt, so würden sie es höchstwahrscheinlich auch auf diesem Gebiete zu beachtlichen Leistungen gebracht haben. Sind doch die Voraussetzungen für solche Leistungen, nämlich lebendiges Interesse am Schach und besondere Begabung für das Schach, auf beiden Gebieten die gleichen. Gleich sind auch bei beiden die Grundlagen des Spiels und die Art des Denkens, das auf das gleiche Ziel, die jeweils besten Züge herauszufinden, gerichtet ist. Der Unterschied liegt lediglich darin, daß es beim Problem darauf ankommt, in einer vorgeschriebenen Zügezahl mattzusetzen, während die praktische Partie eine derartige Beschränkung nicht kennt. Zweifellos könnten deshalb Meister auf dem Gebiet des Problems ebenso gut auch Meister im praktischen Spiel werden, wie diese umgekehrt es auch zur Meisterschaft im Problemschach bringen könnten, wenn sie sich darum bemühten. Daß eins das andere nicht ausschließt, geht aus der Tatsache hervor, daß eine Reihe bedeutender Schachmeister, wie Max Lange, Joh. Berger, Herm. v. Gottschall, Teichmann, Schlechter, von Holzhausen, Johner, ja schon Anderssen und noch viele andere, auf beiden Gebieten Hervorragendes geleistet haben.

Wenn demgegenüber bisher manche Schachspieler von Namen, selbst Großmeister, dem Problem trotz seiner Bedeutung wenig Beachtung schenkten, so ist der Grund dafür wohl darin zu finden, daß sie nicht dazu gekommen sind, sich mit dem Wesen des Problems eingehender vertraut zu machen. Nicht selten rächt sich diese Unterlassung dann aber auch. So verlor noch unlängst ein bekannter Großmeister eine entscheidende Turnierpartie, weil er übersehen hatte, daß er vorher durch ein Turmopfer in zwei Zügen mattsetzen konnte. Wäre er einigermaßen problemgeschult gewesen, so wäre ihm dieses Mißgeschick sicher erspart geblieben. In einem anderen Falle brauchte ein vor einigen Jahren verstorbener anderer Großmeister fast eine halbe Stunde Zeit zum Lösen einer ihm vorgelegten dreizügigen Miniatur, die jeder geübte Problemkundige in wenigen Augenblicken gelöst haben würde. Mit einiger Beschämung gestand der Großmeister nachher, sich für Aufgaben bisher nicht sonderlich interessiert zu haben! Es kann sein, daß in vielen Fällen das fehlende Interesse weniger auf eine grundsätzlich ablehnende Einstellung zum Problem zurückzuführen ist, als vielmehr auf das Bestreben, jede Kräftezersplitterung zu vermeiden. So berechtigt ein solches Verhalten auch immer sein mag, es darf doch keinesfalls dazu führen, dem Problem grundsätzlich jede Beachtung zu versagen oder seine Bedeutung zu unterschätzen. Wer hierzu neigt, der möge einmal die Meinung der zahlreichen Schachspieler auf dem Lande oder in kleinen Ortschaften hören, denen die Gelegenheit zum Spielen guter Partien fehlt, und die in der Beschäftigung mit dem Problem, sei es als Löser, sei es als Verfasser, dafür einen willkommenen Ersatz finden. Wenn außerdem die große Zahl derer festgestellt werden könnte, die erst auf dem Wege über das Problem zu wirklichen Schachfreunden geworden sind, dann würde allein schon diese Feststellung die hohe werbende Bedeutung des Problems überzeugend beweisen. In richtiger Erkenntnis dessen widmet denn auch der Großdeutsche Schachbund der Pflege des Problems seine ungeteilte Aufmerksamkeit.

Einst hat man das Problem die Poesie des Schachspiels genannt. Nicht mit Unrecht, denn ehemals wollte das Problem nicht, wie die Partie, in erster Linie zum Verstande sprechen, sondern zur fühlenden Seele. Die Schönheit des Inhaltes stand allem voran, und sie erschaut und genossen zu haben, war für jeden Löser der schönste Lohn seiner Arbeit. Die Zeiten haben sich, wie auf vielen anderen Gebieten, so auch hier gewandelt. Die zur Führung gekommene neue Problemrichtung wird kaum Anspruch darauf erheben wollen, als Poesie zu gelten. Ihre Erzeugnisse sind vielmehr nur allzu oft von recht prosaischer Wesensart. An die Stelle der Poesie ist strenge Logik getreten, wie sie unverhüllter kaum in der Partie zu finden ist. Auf diese Weise haben Problem und Partie sich in ihrem inneren Wesen so stark genähert, daß eines dem anderen heute weniger denn je im Wege zu stehen braucht. Will man aber überhaupt schon einmal die Frage aufwerfen, welche geistige Betätigung ideell höher zu bewerten ist: die in der praktischen Partie oder die beim Problem, so dürfte die Antwort wohl eher zugunsten des Problems als der Partie ausfallen. Die praktische Partie ist eine Kampfhandlung, die ihrer Natur nach das Blut in Wallung bringt, und bei der die „Sache als solche" oft der Befriedigung persönlichen Ehrgeizes weichen muß. Die Beschäftigung mit dem Problem dagegen ist ihrem inneren Wesen nach unpersönlich. Sie gleicht darin dem Umgang mit den reinen Wissenschaften und den schönen Künsten und gleich diesen — nur der Sache zugewandten — geistigen Beschäftigungen ist auch sie geeignet, einen veredelnden und darum sittlich wertvollen Einfluß auf den Menschen auszuüben.

Wie löst man eine Schachaufgabe?

Einige allgemeine Winke für den Anfänger

Die unerläßliche Voraussetzung für das Lösen einer Schachaufgabe ist selbstverständlich die genaue Kenntnis der Regeln des Schachspiels, sowie ein ausreichendes Vertrautsein mit der Gangart und der Wirkungsweise der einzelnen Steine. Das Lösen verlangt als Vorbedingung des Erfolges nun einmal eine gewisse Spielfertigkeit, zu deren Erlangung neben anderen Erfordernissen namentlich auch eine planmäßige Schulung im Überblicken des Schachbrettes nötig ist, weil der Löser die vorhandenen, oft recht verborgenen Möglichkeiten sehen muß, um sie ausnützen zu können. Er sollte sich auch gleich zu Anfang die übliche Felderbezeichnung so genau einprägen, daß er, wie das Brett auch steht, ohne Besinnen sofort richtig anzugeben vermag, wie das einzelne Feld heißt. Er muß das Schachbrett kennen wie der Stenotypist die Tastatur der Schreibmaschine.

Der Anfänger muß ferner wissen, daß Schachaufgaben nichts mit einer Partie zu tun haben, sondern Stellungen sind, bei denen jeder Stein einen besonderen Zweck hat, und die vom Verfasser aufgebaut werden, um irgendeinen schachlichen Gedanken (eine schachliche Idee), etwa in Gestalt einer versteckten Mattführung, einer Opferkombination, eines Variantengefüges mit schönen Mattbildern oder eines besonderen Themas, zur künstlerischen Darstellung zu bringen. Jede Aufgabe hat also einen ausgeprägten Inhalt, der meistens im sogenannten Hauptspiel in Erscheinung tritt. Bei der unbegrenzten Mannigfaltigkeit solchen Probleminhaltes müssen wir es uns versagen, hier auf Einzelheiten einzugehen. Wer sich in dieser Hinsicht näher unterrichten will, den verweisen wir auf die vorhandene reichhaltige Fachliteratur, die ein umfassendes Studium des gesamten Problemgebietes ermöglicht.

Erfahrungsgemäß fällt es dem Anfänger auf, daß hinsichtlich der materiellen Kräfte der beiden Parteien bei vielen Problemstellungen eine große Ungleichheit vorliegt. Von der Partie her ist er gewohnt, daß die Parteien materiell fast immer gleich stark sind, während beim Problem Weiß dem Schwarzen in dieser Hinsicht oft so erheblich überlegen ist, daß in der Spielpraxis Schwarz die Partie sicherlich längst aufgegeben hätte. Dieser Unterschied findet in der verschiedenen Zielsetzung seine natürliche Erklärung. In der Partie ist das Ziel der Gewinn, ganz gleich in wieviel Zügen dieser erreicht wird, im Problem dagegen ist das Ziel das Matt in einer vorher bestimmten Zügezahl. Dementsprechend steht bei der Partie die Erzielung materiellen Gewinnes fast stets im Vordergrund des Spieles, weil oft schon der Mehrbesitz eines einzigen Bauern über den Ausgang der Partie entscheidet. Ganz anders beim Problem. Hier spielt materieller Gewinn, und sei er noch so groß, selten eine entscheidende Rolle, weil die zur Erzwingung des vorgeschriebenen Matts erforderlichen Machtmittel bereits vorhanden sind und, von wenigen Ausnahmen abgesehen, keiner Schwächung der gegnerischen Abwehrmittel mehr bedürfen. Aus diesem Grunde kann z. B. die Möglichkeit eines in der Partie verlockend erscheinenden Figurengewinnes vom Löser als nutzlos meistens unbeachtet bleiben, nicht selten kann sogar erst durch ein freiwilliges Opfer die Lösung erzwungen werden.

So wenig beim Problem das Material an sich von besonderem Belang zu sein pflegt, so wenig tut es auch etwas zur Sache, ob die Stellung der Steine mehr oder weniger ungewöhnlich erscheint. Die einzige Forderung, der eine Problemstellung Genüge leisten muß, lautet: sie muß nach den Regeln des Schachs erspielbar sein, mag der Nachweis dafür auch einen noch so krausen Weg gehen. Diese Forderung bedingt selbstverständlich auch die Unzulässigkeit unmöglicher Stellungen, wie z. B. das Vorhandensein von mehr als 8 Bauern oder ein Mehr der Bauernschlagfälle im Verhältnis zur Zahl der vorhandenen Steine usw. Kommen im Verlauf der Lösung Bauernumwandlungen in Frage, so kann, wie in der Partie, von beiden Seiten jede beliebige Figur gewählt werden ohne Rücksicht darauf, ob diese Figur, vielleicht selbst mehrfach, schon vorhanden ist. Ein Bauer kann also ebensowohl in einen dritten, vierten Springer, wie in eine zweite, dritte, vierte Dame usw. umgewandelt werden, ganz, wie es dem Löser als zweckdienlich erscheint. In der Urstellung sucht der Verfasser allerdings die Anwendung solcher Verwandlungsfiguren zu vermeiden, es sei denn, daß sie zur Darstellung einer besonderen Idee erforderlich sind. Weiter ist von Wichtigkeit zu beachten, daß eine Aufgabe erst dann als gelöst gilt, wenn nicht nur auf einen einzelnen Gegenzug, sondern auf alle möglichen Erwiderungen von Schwarz das Matt gefunden ist.

Wie schon ausgeführt, liegt den meisten Aufgaben eine besondere Idee zugrunde, die im Hauptspiele, dem wichtigsten Teil der Lösung, zur Ausführung kommt. Nicht selten ist dieses Ideenspiel von mehr oder weniger zahlreichen Abspielen (Varianten) umrahmt, die oft eine vom

Hauptspiel gänzlich abweichende, vom Löser aber ebenfalls zu berücksichtigende Mattführung bedingen. In unwichtigen, nebensächlichen Abspielen ist bei Mehrzügern zuweilen ein Matt in weniger als der geforderten Zügezahl möglich, ohne daß dadurch der Wert der Aufgabe beeinträchtigt wird. Ist aber nach dem an sich richtigen Schlüsselzug auf alle Gegenzüge ein kürzeres Matt möglich, oder führt gar außer dem beabsichtigten Schlüsselzug noch ein anderer zum Ziel, so ist die Aufgabe nebenlösig und dann wertlos. Es kann vorkommen, daß einzelne Gegenzüge von Schwarz eine mehrfache Erledigung zulassen. Handelt es sich hierbei um das Hauptspiel oder um wichtige Abspiele, so spricht man von einer partiellen Nebenlösung, und diese ist dann einer vollständigen Nebenlösung gleichzuachten. Hier und da führen im Verlauf der Lösung verschiedene Züge nebeneinander zum Ziele. Solche Doppelzüge heißt man Duale, die im allgemeinen, wenn sie nicht gerade im Hauptspiel oder in wichtigen Abspielen vorkommen, nur als Schönheitsfehler anzusehen sind.

Hat der Verfasser einen vielleicht besonders versteckten Gegenzug übersehen, und ist auf diesen Zug nun ein Matt in der vorgeschriebenen Zügezahl nicht möglich, so ist die Aufgabe unlöslich und damit natürlich wertlos.

Was den Inhalt einer Aufgabe anbetrifft, so würde eine auch nur einigermaßen ausreichende nähere Erklärung darüber den Rahmen dieser Darlegungen weit überschreiten. Dem Anfänger wäre mit solchen Angaben vorläufig auch noch wenig gedient, denn es kann ihm in erster Linie doch nur darauf ankommen, zunächst ein möglichst sicherer Löser zu werden. Später wird er dann ganz von selbst und mit viel größerem Verständnis zu weiteren Erkenntnissen gelangen. Darum beschränken wir uns an dieser Stelle auf die folgenden Hinweise, deren Beachtung für den Lernenden nicht ohne Nutzen sein dürfte: Für den Anfang möge er auf den Versuch verzichten, selbständig zu lösen. Wiederholte Mißerfolge, die sich in der ersten Zeit dabei immer einzustellen pflegen, entmutigen leicht und haben dann oft ein Erlahmen des Interesses am Problem zur Folge. Daher empfehlen wir dem noch ungeübten Löser, vorerst damit zu beginnen, die vom Verfasser angegebenen Lösungen aufmerksam wiederholt nachzuspielen, bis er deren Verlauf so vollständig beherrscht, daß er imstande ist, die Lösung am Brett aus dem Gedächtnis fehlerlos wiederzugeben. Auf diese Weise wird ihm bald das richtige Verständnis für das Wesen eines Schachproblems zu eigen werden, und er wird verstehen lernen, wie eine Lösung sich abzuwickeln pflegt. Er wird auch die Wahrnehmung machen, daß die Lösung so gut wie nie mit einem Schachgebot beginnt, und daß mit dem ersten Zuge nur selten ein Stein, und wenn schon, dann meist nur ein Bauer, geschlagen wird. Namentlich wird ihm auch die vom Verfasser beabsichtigte Wirkung des Schlüsselzuges klar werden. Wenn er nach einer solchen Vorübung dann allmählich zum selbständigen Lösen übergeht, so sollte er sich dabei in der ersten Zeit nur auf Zweizüger beschränken und erst später sich mit Mehrzügern befassen. Ein Erfolg wird dem Anfänger jedenfalls immer eine besondere Freude bereiten und ihn zu weiteren Versuchen anspornen!

Der bei der Lösung einzuschlagende Weg ist nicht bei jeder Aufgabe der gleiche. Wohl in den meisten Fällen kann die Lösung durch eine mit dem Schlüsselzug herbeigeführte Mattdrohung erreicht werden, deren Abwehr eine andere Mattmöglichkeit erschließt. Sind mehrere Abwehrzüge vorhanden, so muß, wie schon bemerkt, natürlich jeder einzelne von ihnen in den so entstehenden Abspielen widerlegt werden. Auf alle gleichgültigen Züge von Schwarz kommt die Drohung zur Anwendung. Enthält der richtige Schlüsselzug mehrere Drohungen, was bei manchen Aufgaben vorkommt, so muß der Löser eine Fortsetzung des Gegners suchen, die allen vorhandenen Drohungen begegnet. In den Nebenspielen dieser Aufgaben sind dann des öfteren Duale unvermeidlich.

In anderen Fällen wird die Lösung nicht durch eine Drohung erreicht, sondern auf dem Wege des sogenannten Zugzwanges, dessen Eigenart darauf beruht, daß ein Matt nicht möglich wäre, wenn Schwarz auf seinen Zug verzichten könnte. Da er auf den Schlüsselzug von Weiß aber antworten muß, so hat jeder seiner Züge für ihn eine Stellungsblöße zur Folge, durch deren Ausnutzung Weiß nun mattsetzen kann. Liegt die schwarze Zugzwanglage schon in der Ausgangsstellung vor, so bedarf es zum Lösen einer solchen Aufgabe nur eines einfachen Wartezuges von Weiß. In allen anderen Fällen tritt zu dieser sogenannten Tempowirkung des Schlüsselzuges, die darin besteht, Schwarz an den Zug zu bringen, noch eine andere Wirkung hinzu, sei es in Gestalt einer Zugfreigabe oder auch einer Zugbeschränkung. In der Regel sind Zugzwangaufgaben schwerer zu lösen, als Aufgaben mit einer Drohung, weil dem Löser der Zugzwangcharakter der Aufgabe zunächst noch verborgen ist. Oft nützt ihm hier das Verfahren, Schwarz zuerst ziehen zu lassen, um aus der sich dann ergebenden Stellung den fehlenden Schlüsselzug leichter auffinden zu können.

Eine besondere Gruppe von Aufgaben bilden die Zugwechselprobleme (White to play). Bei diesen ist die Ausgangsstellung vom Verfasser mit Vorbedacht so aufgebaut, daß Weiß auf eine bestimmte, meist unschwer zu findende Weise mattsetzen könnte, wenn Schwarz am Zuge wäre. Aber bei der Suche nach einem abwartenden Schlüsselzuge zeigt sich, daß ein solcher nicht vorhanden ist, daß vielmehr Weiß mit jedem der ihm zur Verfügung stehenden Züge die vorhandene Mattmöglichkeit zerstört. Der Verlauf der tatsächlichen Lösung ist denn auch — zum mindesten im Hauptspiel, häufig aber auch in den Nebenspielen — ganz anders, als er uns vom Verfasser vorgespiegelt worden ist. Aufgaben dieser Art sind oft wahre Kunstwerke, deren Lösung dem Anfänger nicht so leicht gelingen wird. Er kann sie manchmal auf dem Wege einer Drohung, zuweilen aber auch durch Ausnutzung eines Zugzwanges erreichen. Immer wird es ihn mit besonderer Befriedigung erfüllen, wenn sein fortschreitendes Können ihn allmählich auch hier zum Erfolg führt.

Während bisher nur von direkten Mattaufgaben die Rede war, sei schließlich der Vollständigkeit halber noch kurz eine interessante besondere Aufgabenart erwähnt: das Selbstmatt, für dessen Wesen der Anfänger auch erst das richtige Verständnis gewinnen muß, bevor er mit einiger Aussicht auf Erfolg an die Lösung solcher Aufgaben herangehen kann. Beim Selbstmatt will Weiß nicht mattsetzen, sondern will, in Umkehrung des gewöhnlichen Zieles, selbst mattgesetzt werden. Der Widerstand, den Schwarz dieser Absicht entgegensetzt, hat oft eigenartige Verwicklungen zur Folge, die die Beschäftigung mit diesen Problemen äußerst reizvoll gestalten. Bei der Lösung ist das gleiche Verfahren anzuwenden, wie bei gewöhnlichen Aufgaben: man hält nach einer geeigneten Drohung Umschau, oder man sucht Schwarz in eine Zugzwangslage zu versetzen. Keinesfalls darf das Selbstmatt etwa als eine wertlose Spielerei angesehen werden, es handelt sich vielmehr um eine durchaus ernst zu nehmende Abart im Schach, deren geschichtliche Entwickelung mit derjenigen der gewöhnlichen Mattproblemart fast gleichen Schritt gehalten hat. Darum ist es auch nicht auf eine Stufe zu stellen mit einigen in neuerer Zeit entstandenen anderen Abarten, die man unter dem Namen „Märchenschach" zusammenfaßt, und die zum Teil eine nahezu völlige Abkehr von den allgemeinen Grundregeln des Schachs bedeuten. Gewiß sind auch diese Erzeugnisse nicht ohne weiteres abzulehnen, denn sie bieten ebenfalls viel des Interessanten, und wer Gefallen an ihnen findet, der möge sich näher damit beschäftigen. Der Anfänger aber sollte, um seine Kräfte nicht zu zersplittern, sich zuerst, so weit als möglich, mit den übrigen Problemarten vertraut machen.

Zum Schluß nun sei dem Anfänger noch der wohlgemeinte Rat mit auf den Weg gegeben: Nie möge er außer acht lassen, daß das alte gute Sprichwort: „Ohn' Fleiß kein Preis" auch auf das Schachspiel anzuwenden ist, und daß auch auf diesem Gebiete, wie überall, erst „Übung den Meister macht"!

Aufgaben von Otto Fuss

Matt in zwei Zügen

1

Otto Fuss

Hannoverscher Kurier

10. Februar 1910

2

Otto Fuss

Hannoversche Schachzeitung

10. Juni 1928

3

Otto Fuss

Hannoversche Schachzeitung

28. Dezember 1930

4

Otto Fuss

Hannoversche Schachzeitung

22. Mai 1932

5

Otto Fuss

Hannoversche Schachzeitung

11. Juni 1933

6

Otto Fuss

Hannoversche Schachzeitung

1. Januar 1935

7

Otto Fuss

Niedersächsische Schachzeitung

6. Januar 1935

8

Otto Fuss

Hannoversche Schachzeitung

21. April 1935

9

Otto Fuss

Niedersächsische Schachzeitung

29. September 1935

10

Otto Fuss

Niedersächsische Schachzeitung

1. Januar 1936

11

Otto Fuss

Niedersächsische Schachzeitung

31. Januar 1937

12

Otto Fuss

Hannoversche Schachzeitung

September 1934

Eine Sommernachtsphantasie.

Zweifaches weißes Springerrad

Matt in drei Zügen

1

Otto Fuss

„Bahn Frei“ New York 1891.
W. A. Shinkman gewidmet

2

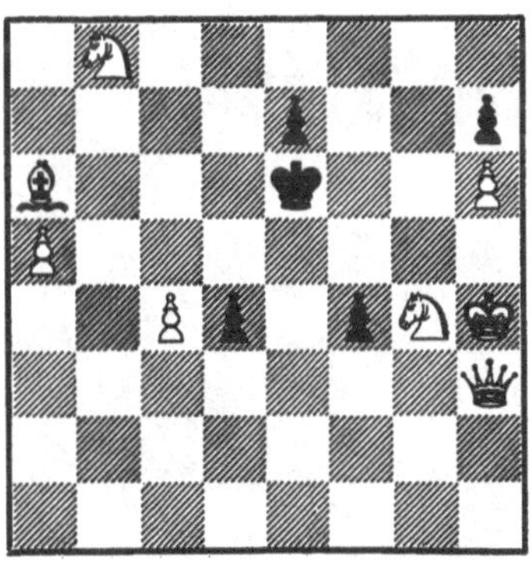

Otto Fuss

Deutsche Schachzeitung März 1892.
L. Bennecke, New York, gewidmet

3

Otto Fuss

Deutsche Schachzeitung August 1892

4

Otto Fuss

Deutsche Schachzeitung
September 1892

5

Otto Fuss

Hannoverscher Kurier

Mai 1908

6

Otto Fuss

Deutsche Schachblätter 1911

7

Otto Fuss

Deutsche Schachzeitung

Januar 1912

8

Otto Fuss

Deutsche Schachzeitung

Januar 1912

9

Otto Fuss

Deutsche Schachblätter 1912

10

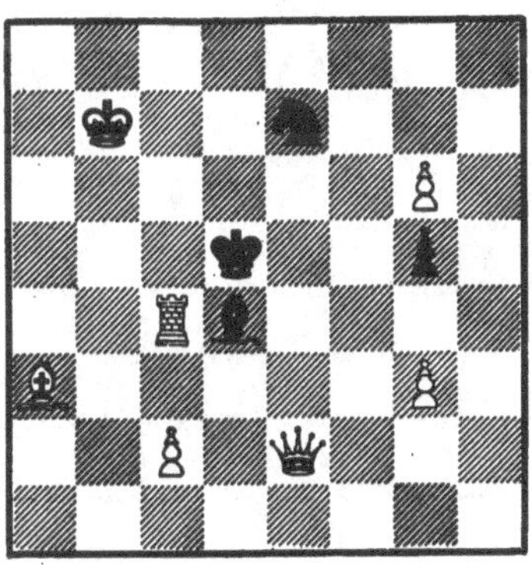

Otto Fuss

Hannoverscher Kurier

28. September 1913

11

Otto Fuss

Deutsche Schachzeitung

März 1918

12

Otto Fuss

Deutsche Schachzeitung

März 1918

13

Otto Fuss

Deutsche Schachzeitung

März 1918

14

Otto Fuss

Deutsche Schachzeitung

März 1918

15

Otto Fuss

Deutsche Schachzeitung

März 1918

16

Otto Fuss

Problemturnier des Deutschen Schachbundes 1921 in Hamburg.

3. Preis

17

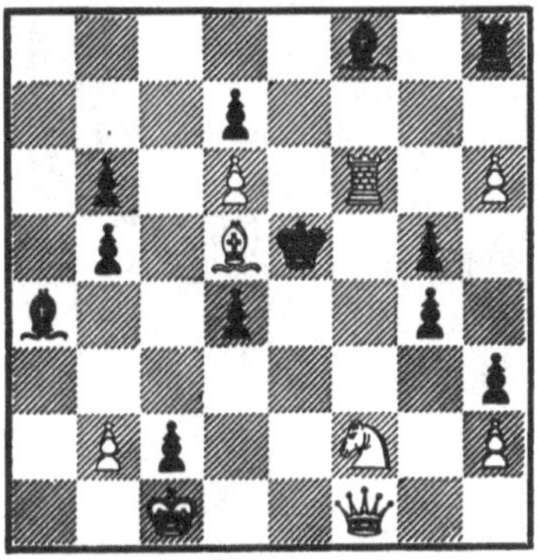

Otto Fuss

Deutsche Schachzeitung
Ehrenpreis für 1918

18

Otto Fuss

Münchener Zeitung
29. Oktober 1926

19

Otto Fuss

1. Preis im Problemturnier
des Deutschen Schachbundes,
Oeynhausen 1922

20

Otto Fuss

5. Preis im Problemturnier
des Deutschen Schachbundes,
Oeynhausen 1922 (berichtigt)

21

Otto Fuss

2. Ehrende Erwähnung im Problemturnier des Deutschen Schachbundes. Breslau 1925

23

Otto Fuss

Hannov. Kurier 7. August 1926. Dem Hannoverschen Schachklub zur Fünfzigjahrfeier gewidmet

22

Otto Fuss

3. Ehrende Erwähnung im Problemturnier des Deutschen Schachbundes. Breslau 1925

24

Otto Fuss

Hannoverscher Kurier 7. August 1926

25

Otto Fuss
Hannoverscher Kurier
November 1926

27

Otto Fuss
Hannoverscher Kurier
13. Februar 1927

26

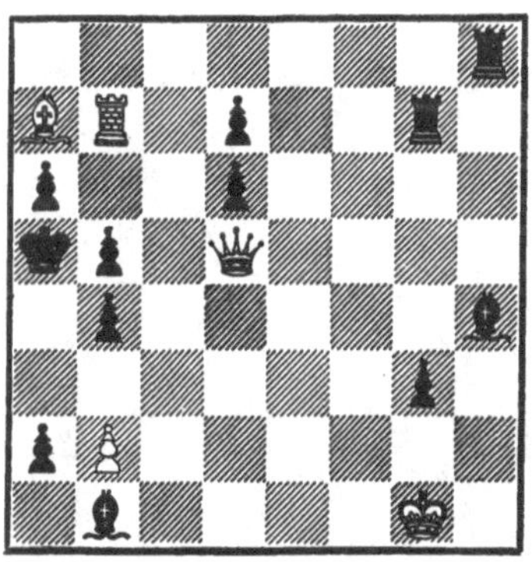

Otto Fuss
Hannoverscher Kurier
Dezember 1926.
W. Freiherr von Holzhausen gewidmet

28

Otto Fuss und F. Möller
Hannoverscher Kurier
21. August 1927

29

Otto Fuss

Hannoverscher Kurier

5. August 1928

30

Otto Fuss

Hannoversche Schachzeitung

4. November 1928

31

Otto Fuss

Hannoversche Schachzeitung

19. Mai 1929

32

Otto Fuss

Hannoversche Schachzeitung

21. Juli 1929

33

Otto Fuss

Hannoversche Schachzeitung

27. Januar 1929

34

Otto Fuss

Hannoversche Schachzeitung

3. November 1929

35

Otto Fuss

Hannoversche Schachzeitung

16. März 1930. Alain C. White zum 50. Geburtstag gewidmet

36

Otto Fuss

Hannoversche Schachzeitung

1. Juni 1930

37

Otto Fuss

Hannoversche Schachzeitung
8. Juni 1930

38

Otto Fuss

2. Preis im Niederbayrischen
Problemturnier 1930

39

Otto Fuss

4. Preis im Problemturnier des
Niederelbischen Schachbundes 1930
(berichtigt)

40

Otto Fuss

Hannoversche Schachzeitung
24. August 1930

41

Otto Fuss

Hannoversche Schachzeitung

Mai 1931

42

Otto Fuss

Hannoversche Schachzeitung

17. Mai 1931

43

Otto Fuss

Hannoversche Schachzeitung

1. November 1931

44

Otto Fuss

Hannoversche Schachzeitung

November 1931.

Dem Kasseler Schachklub gewidmet

45

Otto Fuss

Hannoversche Schachzeitung
13. Dezember 1931

46

Otto Fuss

Hannoversche Schachzeitung
27. Dezember 1931

47

Otto Fuss

Münchener Zeitung Mai 1932
Max Weininger gewidmet

48

Otto Fuss

Hannoversche Schachzeitung
15. Mai 1932

49

Otto Fuss

Hannoversche Schachzeitung
15. Mai 1932

50

Otto Fuss

Hannoversche Schachzeitung
22. Mai 1932

51

Otto Fuss

Münchener Zeitung Juli 1932

52

Otto Fuss

Hannoversche Schachzeitung
16. Oktober 1932.
Hermann von Gottschall
zum 70. Geburtstage gewidmet

53

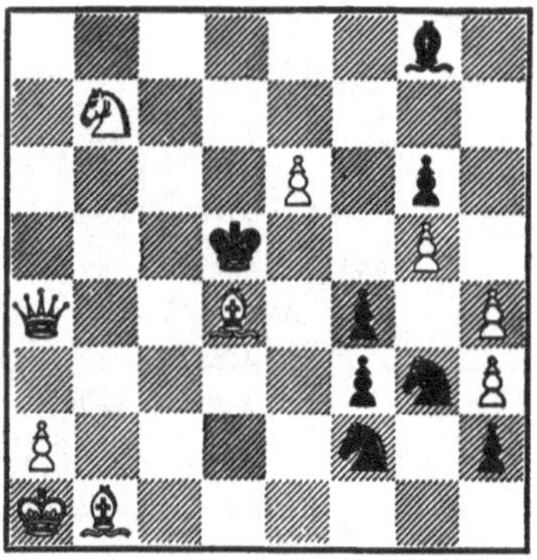

Otto Fuss

Hannoversche Schachzeitung
19. November 1932.
2. Ehrende Erwähnung im Gudehus
Jubiläumsturnier, Mannheim 1932

54

Otto Fuss

Hannoversche Schachzeitung
25. Dezember 1932

55

Otto Fuss

Hannoversche Schachzeitung
1. Januar 1933. F. Möller zum
80. Geburtstage gewidmet

56

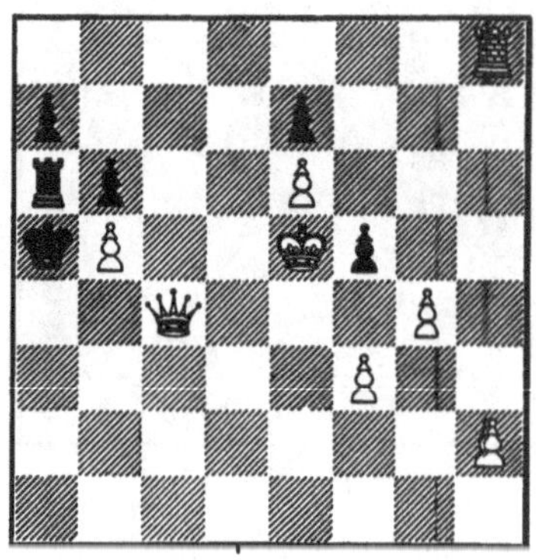

Otto Fuss

Hannoversche Schachzeitung
21. Mai 1933

57

Otto Fuss

Hannoversche Schachzeitung

18. Juni 1933

58

Otto Fuss

Hannoversche Schachzeitung

17. September 1933

59

Otto Fuss

Hannoversche Schachzeitung

25. März 1934

60

Otto Fuss

Niedersächsische Schachzeitung

5. August 1934

61

Otto Fuss

Hannoversche Schachzeitung

23. September 1934

62

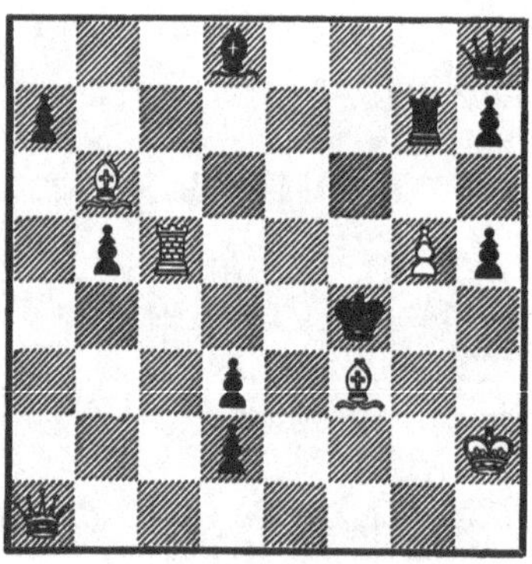

Otto Fuss

Hannoversche Schachzeitung

23. Dezember 1934

63

Otto Fuss

Hannoversche Schachzeitung

31. März 1935

64

Otto Fuss

Hannoversche Schachzeitung

9. Juni 1935

65

Otto Fuss

Niedersächsische Schachzeitung

4. August 1935

66

Otto Fuss

Münchener Zeitung 8. September 1935

Dem Schachklub in Tölz gewidmet

67

Otto Fuss

Hannoversche Schachzeitung

22. Dezember 1935

68

Otto Fuss

Deutsche Schachblätter

Februar 1936

F. Palatz gewidmet

69

Otto Fuss

Großdeutscher Schachbund
Olympia-Wettbewerb München 1936.
2. Ehrende Erwähnung

70

Otto Fuss

Münchener Zeitung 1936
Dem Münchener Schachklub zur
Hundertjahrfeier gewidmet

71

Otto Fuss

Deutsche Schachblätter 1936

72

Otto Fuss

Hannoversche Schachzeitung
30. August 1936

73

Otto Fuss

Braunschweigische Tageszeitung

10. November 1936

74

Otto Fuss

Niedersächsische Schachzeitung

20. Dezember 1936

75

Otto Fuss

Hannoversche Schachzeitung

20. Dezember 1936

76

Otto Fuss

Hannoversche Schachzeitung

7. Februar 1937

77

Otto Fuss

Niedersächsische Schachzeitung

19. Februar 1937

78

Otto Fuss

Hannoversche Schachzeitung

28. März 1937

79

Otto Fuss

Hannoversche Schachzeitung

21. August 1937

80

Otto Fuss

Niedersächsische Sachachzeitung

November 1937

81

Otto Fuss

„Deutsche Schachblätter“
Januar 1937

83

Otto Fuss

„Die Schwalbe“ November 1937.
Dr. Ed. Birgfeld gewidmet

82

Otto Fuss

Hannoversche Schachzeitung
Mai 1937.
Dem Hannoverschen Schachklub zur Sechzigjahrfeier gewidmet

Matt in vier Zügen

1

Otto Fuss

3. Preis. Turnier der „Täglichen Rundschau“ 1909

2

Otto Fuss

Problemturnier des Deutschen Schachbundes Oeynhausen 1922

(Lösungspreisaufgabe)

3

Otto Fuss

Problemturnier

der Münchener Zeitung 1921

(Ehrende Erwähnung)

4

Otto Fuss

Deutsche Schachblätter 1937

Selbstmatt in neun Zügen

Otto Fuss

Deutsche Schachzeitung

Januar 1912

Lösungspreisaufgabe

Aufgaben von Ferdinand Möller

Matt in zwei Zügen

1

F. Möller

Universum Nr. 2 1912—1913

2

F. Möller

Daheim September 1915

3

F. Möller

Wochenschau, Essen
August 1919

4

F. Möller

Wochenschau, Essen
September 1919

5

F. Möller

Wochenschau, Essen

Februar 1920

6

F. Möller

Wochenschau, Essen

Oktober 1920

7

F. Möller

Wochenschau, Essen

November 1920

8

F. Möller

Deutsche Tageszeitung 1921

9

F. Möller

Deutsche Tageszeitung
März 1921

10

F. Möller

Turnier des Niederländischen
Schachbundes 1921

11

F. Möller

Ostdeutsche Morgenpost, Beuthen
Juli 1922

12

F. Möller

Deutsche Tageszeitung
Dezember 1922

13

F. Möller

Basler Nachrichten
Oktober 1923

14

F. Möller

Basler Nachrichten
Januar 1924

15

F. Möller

Ostdeutsche Morgenpost, Beuthen
November 1924

16

F. Möller

Bochumer Anzeiger 1925

17

F. Möller

Basler Nachrichten
Februar 1925

18

F. Möller

Bochumer Anzeiger
Februar 1925

19

F. Möller

Münchener Zeitung
Juni 1929

20

F. Möller

Basler Nachrichten 1936

Matt in drei Zügen

1

F. Möller

Bohemia Februar 1911

2

F. Möller

Berliner Lokalanzeiger
Juni 1911

3

F. Möller

Münchener Neueste Nachrichten
Dezember 1913

4

F. Möller

Münchener Neueste Nachrichten
Februar 1914

5

F. Möller

Daheim August 1914

6

F. Möller

Tägliche Rundschau
November 1914

7

F. Möller

Münchener Neueste Nachrichten
1914

8

F. Möller

Münchener Neueste Nachrichten
1914

9

F. Möller

Daheim Mai 1915

10

F. Möller

Bohemia Februar 1916

11

F. Möller

Leipziger Tageblatt November 1916

12

F. Möller

Rob. Sahlburg-Jubiläumsturnier, Stockholm 1916

13

F. Möller

Daheim Dezember 1916

14

F. Möller

Tägliche Rundschau

Juni 1917

15

F. Möller

Tägliche Rundschau

September 1918

16

F. Möller

Tägliche Rundschau

April 1919

17

F. Möller

Tägliche Rundschau 1919

18

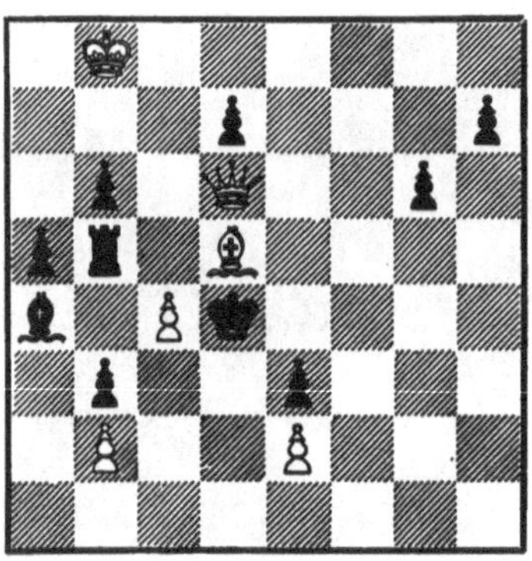

F. Möller

Wochenschau, Essen

Oktober 1919

19

F. Möller

Wochenschau, Essen

November 1919

20

F. Möller

Wochenschau, Essen

Mai 1920

21

F. Möller

Daheim Mai 1920

22

F. Möller

Wochenschau, Essen
Juli 1920

23

F. Möller

Deutsche Tageszeitung 1920

24

F. Möller

Kagans Neueste Schachnachrichten
1921

25

F. Möller

Deutsche Tageszeitung
Februar 1921

26

F. Möller

Wochenschau, Essen
Juli 1921

27

F. Möller

Kagans Neueste Schachnachrichten
1921

28

F. Möller

Kagans Neueste Schachnachrichten
1921

29

F. Möller

Problemturnier des Niederländischen Schachbundes 1921.
3. Ehrende Erwähnung

30

F. Möller

Kagans Neueste Schachnachrichten 1921

31

F. Möller

Kagans Neueste Schachnachrichten 1921

32

F. Möller

Deutsche Tageszeitung 1921

33

F. Möller

Sport-Umschau, Gießen 1921

34

F. Möller

Ostdeutsche Morgenpost, Beuthen
Januar 1922

35

F. Möller

Deutsche Tageszeitung 1922

36

F. Möller

Deutsche Tageszeitung
Januar 1923

37

F. Möller

Ostdeutsche Morgenpost, Beuthen

März 1923

38

F. Möller

Erstes Prager Modeblatt 1923

39

F. Möller

Basler Nachrichten

November 1923

40

F. Möller

Basler Nachrichten

Dezember 1923

41

F. Möller

Basler Nachrichten

Dezember 1923

42

F. Möller

Basler Nachrichten

Februar 1924

43

F. Möller

Basler Nachrichten

März 1924

44

F. Möller

Basler Nachrichten

September 1924

45

F. Möller

Ostdeutsche Morgenpost, Beuthen

November 1924

46

F. Möller

Basler Nachrichten

November 1924

47

F. Möller

Basler Nachrichten

Februar 1925

48

F. Möller

Deutsche Tageszeitung 1925

49

F. Möller

Münchener Zeitung

Januar 1926

50

F. Möller

Münchener Zeitung

April 1926

51

F. Möller

Münchener Zeitung

April 1926

52

F. Möller

Turnier des Dresdener Anzeigers

1925—1926.

3. Ehrende Erwähnung

53

F. Möller

Münchener Zeitung

September 1926

54

F. Möller

Münchener Zeitung

Juni 1927

55

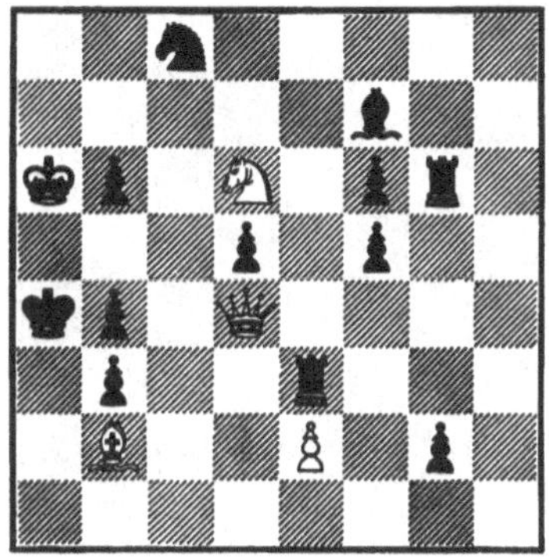

F. Möller

Münchener Zeitung

August 1928

56

F. Möller

Hannoverscher Anzeiger

Dezember 1931

Seinem Freunde Otto Fuss zum 70. Geburtstage, 8. 12. 1931, gewidmet

57

F. Möller

Münchener Zeitung 1935

58

F. Möller

Münchener Zeitung 1935

59

F. Möller

Münchener Zeitung 1936

60

F. Möller

Basler Nachrichten 1936

Matt in vier Zügen

1

F. Möller

Berliner Lokal-Anzeiger

Dezember 1910

2

F. Möller

Hamburger Nachrichten

April 1911

3

F. Möller

Universum 1914

4

F. Möller

Tägliche Rundschau

August 1915

5

F. Möller

Wochenschau, Essen

Juli 1920

6

F. Möller

Wochenschau, Essen

August 1920

7

F. Möller

Wochenschau, Essen

September 1920

8

F. Möller

Tägliche Rundschau

Dezember 1920

9

F. Möller

Kagans Neueste Schachnachrichten

1920

10

F. Möller

Kagans Neueste Schachnachrichten

1920

11

F. Möller

Kagans Neueste Schachnachrichten

1923

12

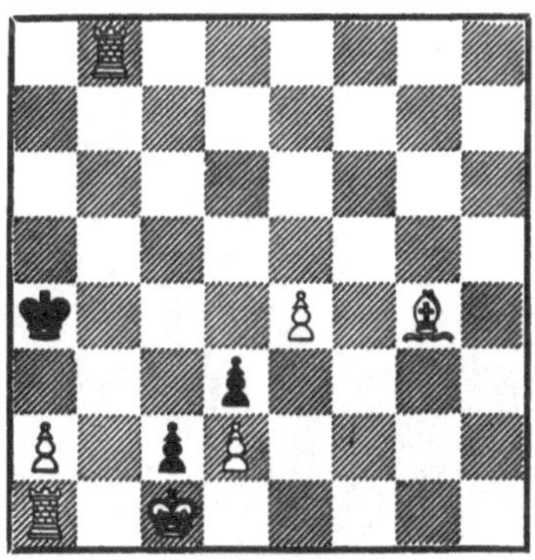

F. Möller

Basler Nachrichten

Oktober 1923

13

F. Möller

Basler Nachrichten

November 1923

14

F. Möller

Basler Nachrichten

November 1924

15

F. Möller

Basler Nachrichten

Dezember 1924

16

F. Möller

Basler Nachrichten

Januar 1925

Matt in fünf Zügen

1

F. Möller

Deutsches Wochenschach

März 1916

2

F. Möller

Basler Nachrichten

September 1924

Selbstmatt

In drei Zügen

F. Möller

Prager Modeblatt 1923

In zwei Zügen

F. Möller

Hannoverscher Anzeiger 1925

Matt in drei Zügen

1

Otto Fuss und F. Möller

Münchener Neueste Nachrichten

Mai 1912

2

Otto Fuss und F. Möller

Münchener Zeitung

April 1928

Lösungen zu den Aufgaben von Otto Fuss

Zweizüger

1

1. Dg1—g7
Zugzwang.

1. .... Kf4—e5
2. Dg7—c7╪

1. .... f6—f5
2. Se3—g2╪

1. .... e6—e5
2. Dg7—h6╪

1. .... Kf4×e3
2. Dg7—h6╪

1. .... h4—h3
2. Dg7—g3╪

2

1. Dh2—b2
Zugzwang.

1. .... Kf6—f5
2. Db2—f2╪

1. .... Te4×d4
2. Se5—g4╪

1. .... Te4×e5
2. d4×e5╪

1. .... Lg5∼
2. Db2—b6╪

1. .... Te4∼
2. Db2—b6╪

1. .... Tf8∼
2. Td7—f7╪

3

2. g4—g5
Zugzwang.

1. .... Lh7×f5╪
2. Se3—g4╪

1. .... Sd6×f5
2. Se3—c4╪

1. .... Sg2×e3, e1, h4
2. g3—g4╪

1. .... Sg2—f4
2. g3×f4╪

1. .... Sd6∼
2. Sh8—f7╪

1. .... Lh7—g6, g8
2. Sh8—g6╪

1. .... c7∼
2. Da7—g7╪

1. .... d5—d4
2. Da7—c5╪

4

1. f4—f5
Zugzwang.

1. .... Te6×e7†
2. Sf8—d7╪

1. .... Td6×d4
2. Sc3—e4╪

1. .... Se8—c7
2. e7—e8S╪

1. .... Td6×d8
2. e7×d8D oder L╪

1. .... Te6—e5
2. d4×e5‡

1. .... Td6—d7†
2. Sf8×d7‡

1. .... Td6×c6, d5
2. Sc3—d5‡

1. .... Te6~
2. Sc3—d5‡

1. .... Dg8×f8
2. e7×f8D‡

1. .... Dg8—f7, h7
2. Sf8—h7‡

1. .... Sg7×f5
2. Tb5×f5‡

5

1. Dd1—g1
Zugzwang.

1. .... d4—d3
2. Dg1—a1‡

1. .... f4—f3
2. Dg1—h2‡

1. .... Te3—d3
2. Sb4×d3‡

1. .... Te3~
2. Lf2×d4‡

1. .... Sd7—f6
2. Sb4—c6‡

1. .... Sd7~
2. Dg1—g7‡

1. .... Th5—f5
2. Sh6—g4‡

1. .... Th5×h6, g5
2. Dg1—g5‡

1. .... Lg8×f7
2. Sh6×f7‡

1. .... Sf8~
2. Tb6—e6‡

6

1. Sc5—e6
Zugzwang.

1. .... f7×e6
2. Da3—f8‡

1. .... Kf5×e6
2. Le8—d7‡

1. .... Kf5—g6
2. Da3—d3‡

1. .... f7—f6
2. Da3×h3‡

7

1. Ta4—h4
Zugzwang.

1. .... d3×c2
2. d2—d4‡

1. .... d3×e2†
2. Db5×e2‡

1. .... Lg8—h7
2. Sd8×f7‡

1. .... De6×e8
2. Db5×e8‡

1. .... De6—c7
2. Te8×e7‡

1. .... d6—d5
2. Db5—b8‡

1. .... c3×d2
2. Db5—b2‡

1. .... Sa5~
2. Sd8—c6‡

1. .... f5—f4
2. Th4—h5‡

8

1. Db1—b2
Droht
2. Db2×d4‡

1. .... Dd4×b2
2. Lb4—c3‡

1.	Dd4×e5†, d6
2. Lb4—d6‡	
1.	Dd4×b4, c4, e4
2. f2×e3‡	
1.	Dd4×d2
2. Lb4×d2‡	
1.	Dd4—c3
2. Lb4×c3‡	
1.	Dd4—c5
2. Lb4×c5	

9

1. Tf1—e1

Zugzwang.

1.	Kd5×d4
2. Te1—d1‡	
1.	De4×d4
2. Sg2—f4‡	
1.	De4×g4, f4, g2
2. Dh8—d8‡	
1.	De4×e1
2. Sg2—e3‡	
1.	De4∼
2. Sg2—e3‡	
1.	Sc3∼
2. Sg2—e3, f4‡	

10

1. Lc1—g5

Zugzwang.

1.	e7—e6
2. Dc4—d4‡	
1.	e7—e5
2. Dc4—c6‡	
1.	Kd6—d7
2. Dc4—d5‡	
1.	Kd6—e5
2. Lg5—f4‡	

11

1. La3—f8

Zugzwang.

1.	c4—c3
2. Dd7—a4‡	
1.	e4—e3
2. Dd7—g4‡	
1.	c7∼
2. d5×c6‡	
1.	Ld2—e1, c3, b4, a5
2. e2—e3‡	
1.	Ld2—c1, e3, f4, g5, h6
2. c2—c3‡	
1.	f3×e2
2. Sg3×e2‡	
1.	Sg7—e6†
2. d5×e6‡	
1.	Sg7∼
2. Sg3—f5‡	
1.	f6—f5
2. Dg8×g7‡	

12

1. Dg4—e2	Sg8×Se7
2. Sf5×Se7‡	
1.	Td7×d6†
2. Sf5×Td6‡	
1.	Sc2×d4
2. Sf5×Sd4‡	
1.	S×e3
2. Sf5×Se3‡	
1.	Th3×g3
2. Sf5×Tg3‡	
1.	Th3×Lh4
2. Sf5×Th4‡	
1.	Th7×h6†
2. Sf5×Th6‡	

1. .... Th7×g7†
2. Sf5×Tg7‡

1. .... S×b4
2. Sd3×Sb4‡

1. .... Sd1—b2
2. Sd3×Sb2‡

1. .... Sa2—c1
2. Sd3×Sc1‡

1. .... S—e1
2. Sd3×Se1‡

1. .... Sd1—f2
2. Sd3×Sf2‡

1. .... Sg2—f4
2. Sd3×Sf4‡

1. .... Td7×Se7
2. Sd3—e5‡

1. .... Td7—c7
2. Sd3—c5‡

Dreizüger

1

1. Tb7—e7
Droht
2. Se6—g7† ....
3. Dg1—d4, Sg7—f5, Te7×e6‡

1. .... Sg5×f7
2. Se6—g7† Sd5×e7
3. Dg1—d4‡

2. .... Ke5—d6
3. Sg7—f5‡

2. .... Ke5—f6
3. Te7—e6‡

1. .... Sd5×e7
2. Dg1—d4† Ke5×e6
3. Tf7—f6‡

1. .... Ke5—d6
2. Dg1—c5† Kd6—e5
3. Se6×g5‡

1. .... Sg5×e6
2. Dg1—d4† Ke5—d6
3. Te7—d7‡

1. .... La5—b6
2. Se6—c5† ~
3. Dg1—d4, Te7—d7, Te7×e6‡

1. .... Sd5—e3
2. Dg1×e3† ~
3. De3—d4, c5‡

1. .... Sg5—f3
2. Dg1—c5 ~
3. Se6—g5, c4, d8‡

1. .... La5—d8
2. Se6×d8† ~
3. Dg1—d4, Sd8—b7‡

1. .... Sd5—f6
2. Dg1—c4† Ke5—f5
3. Tf7×f6‡

1. .... Sd5~
2. Dg1—d4‡

1. .... Ke5—e4
2. Se6—c5, g5‡

1. .... ~
2. Drohung.

2

1. c4—c5
Droht
2. La6—c4† Ke6—f5
3. Dh3—d3‡

1. .... Ke6—d5
2. Sg4—f6† Kd5×c5
3. Dh3—a3‡

2. .... Kd5—e5
3. Sb8—d7‡

2. .... e7×f6
3. Dh3—f5‡

1. ... . Ke6—f5
2. Dh3—d3† Kf5—e6
3. La6—c4‡

1. .... Ke6—f7
2. Sg4—e5† Kf7—f6
3. Sb8—d7‡

2. .... Kf7~
3. Dh3—c8‡

1. .... f4—f3
2. Dh3×f3 ~
3. La6—c4‡

1. .... d4—d3
2. Drohung.

3

1. Lg7—e5
Zugzwang.

1. .... Sf8—e6
2. Le5—f6 Se6~
3. Sc6—d4‡

1. .... Sf8—g6
2. Th6—h5† Kf5—e6
3. Sc6—d8‡

1. .... Kf5—g5
2. Le5—f4† Kg5—f5
3. Sc6—d4‡

1. .... Sf8—d7, h7
2. Sc6—d4† Kf5×e5
3. Th6—e6‡

4

1. Dh5—g4
Zugzwang.

1. .... Kd4—e4
2. Dg4×g2† Ke4—f5
3. e2—e4‡

2. .... Ke4~
3. Sf4—e6‡

1. .... e5×f4
2. Dg4—f5 ~
3. e2—e3, Df5—d3‡

1. .... e5—e4
2. Sf4—d3 Kd4—d5
3. Dg4—d7‡

1. .... Kd4—c5
2. Dg4—d7 ~
3. Dd7—d5, Lg5—e7‡

5

1. c3—c4
Droht
2. Db5—b3 ~
3. Db3—c3, Sa3—c2‡

1. .... a5—a4
2. Db5—b8 Lg7~
3. Db8—h8‡

2. .... c7—c6
3. Db8—e5‡

2. .... Se1~
3. Sa3—c2‡

1. .... ~
2. Drohung.

6

1. Dc6—e8
Droht
2. Le1—b4 ....

1. .... b5—b4
2. Le1×b4 f6—f5
3. De8—h8‡

2. .... d5—d4
3. De8×b5‡

2. .... Ke5—f5
3. De8—h5‡

2. .... Ke5—d4
3. Sd8—c6‡

1. .... f6—f5
2. De8—h8† Ke5—d6
3. Le1—b4‡

1. .... Ke5—d4
2. Sd8—c6† Kd4—c5
3. Le1—b4‡

1. .... Ke5—d6
2. d3—d4 ~
3. De8—d7‡

1. .... d5—d4
2. De8×b5† Ke5—d6
3. Le1—b4‡

7

1. Tb3—b7
Zugzwang.

1. .... e4×d3
2. Da6—c6† Kd5×c6
3. Lh3—g2‡

2. .... Kd5—c4
3. Dc6—e4‡

1. .... Sb2×d3
2. Da6—c4 Kd5×c4
3. Lh3—e6‡

2. .... Kd5—c6
3. Dc4×e4‡

1. .... Sb2~
2. Lh3—e6† Kd5×e6
3. Da6—c4‡

1. .... Ld6—f4†
2. Sd3×f4† Kd5—e5
3. Da6—e6, Tb7—e7‡

1. .... La8×b7
2. Da6×b7† Kd5—c4
3. Sd3×b2‡

1. .... Ld6~
2. Da6—e6‡

1. .... c5—c4
2. Tb7—b5† Ld6—c5
3. Tb5×c5‡

8

1. Ld4—e5
Droht
2. e2—e4† Kd5×e5
3. Dg1—g3‡

1. .... f6—f5
2. Tb4—d4† Kd5×e5
3. Dg1—g7‡

2. .... c5×d4
3. Dg1×d4‡

1. .... Kd5×e5
2. Dg1—g3† ~
3. e3—e4‡

1. .... Sh6—f5
2. Dg1—g8† Kd5×e5
3. Dg8—e6‡

1. .... c5×b4
2. Dg1—d4‡

1. .... ~
2. Drohung.

9

1. Te4—e7
Droht
2. De1—e5† d6×e5
3. Te7—d7‡

1. .... Kd5×d4
2. De1—e5† d6×e5
3. Te7—d7‡

2. .... Kd4—d3
3. De5—c3‡

1. .... Kd5—c5
2. De1—e5† d6×e5
3. Te7—d7‡

2. .... Kc5—b4
3. De5×d6‡

1. .... f7—f6
2. De1—e6† ~
3. De6—c4‡

1. .... f5—f4
2. Te7—e5† ~
3. De1—e4‡

1. .... ~
2. Drohung.

10

1. g3—g4
Zugzwang.

1. .... Ld4—e5
2. Tc4—d4† Le5×d4
3. c2—c4‡

2. .... Kd5×d4
3. De2—d3‡

2. .... Kd5—e6
3. Td4—d6‡

1. .... Ld4—e3
2. Dd2×e3 ~
3. De3—d3, e4‡

1. .... Ld4—c5
2. La3×c5 ~
3. De2—e4‡

1. .... Ld4~
2. De2—e4‡

1. .... Se7~
2. De2—f3†
3. Df3—b3, f5, f7‡

11

1. De1—e3

Droht

2. Kc6—c7 ~
3. Tb8—e8‡

1. .... Lc1×e3
2. Kc6—d5 ~
3. Tb8—e8‡

1. .... Tg3×e3
2. Kc6—c7 ~
3. Tb8—e8‡

1. .... Sf1×e3
2. Kc6×c5 ~
3. Tb8—e8‡

1. .... Ke7—e6
2. Tb8—e8‡

1. .... ~
2. Drohung.

12

1. De2—c4

Droht

2. Dc4—d5† Sf6×d5
3. Sb6—d7‡

1. .... Dh6—g7, h7
2. Dc4—f4† g5×f4
3. e3×f4‡

1. .... Sb5—c7, c3
2. Dc4—d4† c5×d4
3. e3×d4‡

1. .... Tc1×c4
2. Sb6×c4† Ke5—d5
3. Sf5—e7‡

1. .... Sf6~
2. Sb6—d7‡

1. .... Tc1—d1
2. Dc4—d5† ~
3. Sb6—c4, d7‡

1. .... ~
2. Drohung.

13

1. Sg7×h5

Zugzwang.

1. .... b7~
2. Dg2—h8† Kd5~
3. Sa5—c6‡

1. .... Kd5—e5
2. Dg2—g7† K~
3. Sh5—f4‡

1. .... h7—h6 oder Kd5—d4, e6
2. Dg2—g6, g4† ~
3. Dg6(g4)—e4, d6, f5‡

1. .... Sg1~
2. Dg2×f3† Kd5~
3. Df3—f5, e4‡

14

1. Da8—a3

Droht

2. Da3—d6 ~
3. Sd5—e3‡

1. .... f6×e5
2. Sd5—e3 ~
3. Da3—d6‡

1. .... Kd4×e5
2. Da3—c5 ~
3. Sd5—f4‡

1. .... Kd4×d5
2. Ld2—e3 ~
3. Da3—c5‡

1. .... b3—b2
2. Da3—d3† ~
3. Ld2—f4, b4‡

1. .... Lg1—h2
2. Sd5—f4 ~
3. Da3—d6, c5, b4‡

1. .... Sa1—c2
2. Da3—d6 ~
3. Sd5×e3, b4‡

15

1. Lf8—e7

Zugzwang.

1. .... Sc6×d4
2. Sb3—c5 ~
3. Sc5×d3, Sf2×d3‡

1. .... Sc6×e7
2. Le4×g6† ~
3. Dd4—e3‡

1. .... g6×h5
2. Le7—g5† Kf4×g5
3. Dd4—e3‡

1. .... g6—g5
2. Le7—d6 ~
3. e5—e6, Dd4—e3‡

1. .... Lc8~
2. Le4×c6† ~
3. Lc6—d7, Dd4×e4‡

16

1. Sd5—f4

Droht

2. Dd8—a8† K~
3. Da8—f3, d5‡

1. .... Ke4×f4
2. Dd8—c7† ~
3. Dc7—c4 oder Sd7—f6‡

1. .... g5×f4
2. Sd7—c5† Ke4—e5
3. d2—d4‡

1. .... Lg8×e6
2. Sd7—f6† ~
3. Sf4—d3 oder Dd8—d6 (c7, b8)‡

1. .... Ke4—d4
2. Dd8—f6† ~
3. d2—d3 oder Df6—e5‡

1. .... g5—g4
2. Dd8—b8 ~
3. Db8×b4, e5‡

1. .... ~
2. Drohung.

17

1. b2—b3

Droht

2. Sf2—d3† Ke5×d5
3. Df1—h1‡

1. .... Ke5×d5
2. Df1—h1† Kd5—c5
3. Sf2—d3‡

1. .... La4×b3
2. Df1—d3 Ke5×d5
3. Dd3×b5‡

2. .... Ke5×f6
3. Sf2×g4‡

1. .... Ke5×f6
2. Sf2×g4† Kf6—g6
3. Df1—f7‡

1. .... d4—d3
2. Df1×d3 ~
3. Sf2×g4‡

1. .... ~
2. Drohung.

18

1. Tg3—e3
Droht
2. Sa3—b5† Kd4—d5
3. Lh1×e4‡

1. .... c4—c3
2. Te3—d3† e4×d3
3. e2—e3‡

1. .... Kd4—d5
2. Lh1×e4† ~
3. Sa3—b5‡

1. .... ~
2. Drohung.

19

1. Dh6—e6
Droht
2. De6—d5† c6×d5
3. c5—c6‡

1. .... Sg5—e4
2. De6—c4† Sd5×c4
3. Se2—f3‡

1. .... Se5—c4
2. De6—e4† Sg5×e4
3. Se2—f3‡

1. .... Sg5×e6
2. Sc7×e6† Kd4—d5
3. e2—e4‡

1. .... Se5—g4
2. Sc7—b5† ~
3. c5—c6, Sd2×b3‡

1. .... Se5~
2. De6—e3‡

1. .... ~
2. Drohung.

20

1. Se5—c4
Droht
2. De8—e5 Kd5×c4
3. De5—c5‡

1. .... Lb5×c4
2. e2—e3 La1×d4
3. e3—e4‡

2. .... ~
3. De8—e6‡

1. .... La1×d4
2. De8—f7† ~
3. d2—d3, Df7—e6‡

1. .... Kd5×d4
2. Sc4—b6 ~
3. De8—e3‡

1. .... Kd5×c4
2. De8—e5 La1×d4
3. De5—e6‡

2. .... ~
3. De5—c5‡

21

1. Dg7—h6
Droht
2. Dh6—f4 Dd3—e4
3. Df4×e4‡

1. .... Kd4×e5
2. f3—f4† Ke5—d4
3. Dh6—b6‡

2. .... Ke5—f5
3. g3—g4‡

1. .... f7—f5
2. Dh6—b6† Kd4×e5
3. f3—f4‡

1. .... Dd3×f3
2. Dh6—e3† Df3×e3
3. Te5—d5‡

1. .... Dd3—e2
2. Dh6—f4† ~
3. Te5—d5, Df4×e4‡

1. .... Dd3—e4
2. Te5×e4† ~
3. Dh6—c6, e3‡

1. .... Dd3~
2. Db6—e3‡

22

1. Sd5—e3
Droht
2. Se3—c4 Tc5×c4
3. Td6—d5‡

1. .... Ke5×d6
2. Se3—f5† Kd6—e5
3. Sf4—d3‡

2. .... Kd6—c6
3. Df7—e8‡

2. .... Tc5×f5
3. Df7—c7‡

1. .... Lf8×d6
2. Se3—g4† Ke5—d4
3. Sf4—e2‡

1. .... Sg5×f7
2. Td6—e6† ~
3. Te6—e4, Sf4—e2‡

1. .... Sg5—e6
2. Df7×e6† Ke5×f4
3. De6—e4‡

1. .... Sg5×f3
2. Td6—e6† Ke5—d4
3. Sf4—e2†

1. .... ~
2. Drohung.

23

1. Dc6—g6 ....
Droht
2. Sb4—c6† Kd4—c5
3. Se5—d7‡

1. .... Kd4×e5
2. Sb4—c6† Ke5—f4
3. g2—g3‡

1. .... Lc4~
2. c2—c3† Kd4~
3. Sb4—d3‡

1. .... Kd4—c5
2. Dg6—b6† ~
3. Se5—d7, c6‡

1. .... e7—e6
2. Se5—d7 ~
3. Dg6—d3, g4, c2—c3 oder Sb4—c6‡

1. .... Tb2×b4
2. Se5×f3† Kd4—c5
3. d2—d4‡

1. .... Ta5—a6
2. Se5×f3† Kd4—c5
3. Sb4×a6‡

1. .... ~
2. Drohung.

24

1. Dh7—g8
Droht
2. Dg8—e8† Kc6×d5
3. e3—e4‡

1. .... Kc6—d7
2. Dg8—c8† Kd7×c8
3. Sd5—b6‡

1. .... Kc6×d5
2. e3—e4† Kd5—c6
3. Dg8—e8‡

1. .... Le1—f2
2. Dg8—a8† Kc6—d7
3. Se6—f8‡

2. .... Kc6—b5
3. Sd5×c3‡

2. .... Sa5—b7
3. Da8×b7‡

1. .... ~
2. Drohung.

25

1. Df1—f7
Zugzwang.
1. .... Ke4—d3
2. Ld1—c2† Kd3×c2, c3
3. Df7—b3‡

2. .... Kd3×e3, e2
3. Df7—f2‡

1. .... Ke4×e3
2. Df7—d5 Ke3—f4
3. Dd5—d4‡

1. .... Ke4×e5
2. Df7—d7 ~
3. Dd7—d4, Le3—d4‡

26

1. La7—e3
Droht
2. Dd5×b5† a6×b5
3. Tb7—a7‡

1. .... Th8—h5, a8
2. Tb7×b5† ~
3. Dd5—a8, Tb5—a5‡

1. .... Tg7—g5
2. b2—b3 ~
3. Le3—b6‡

1. .... Ka5—a4
2. b2—b3† ~
3. Le3—c1, b6‡

1. .... Lb1—d3
2. Dd5×a2‡

1. .... ~
2. Drohung.

27

1. Ld1—c2
Droht
2. Lc2×d3 ~
3. Df8—f6, f2—f4‡

1. .... Sd3×f2
2. Df8—f6† Se4×f6
3. Lh4—g3‡

1. .... Sd3—f4
2. Df8—g7† ~
3. Dg7—e7, g5, f6‡

1. .... Sd3~
2. f2—f4‡

1. .... Se4—f6
2. Df8×f6† Ke5—e4
3. Sb3×c5‡

1. .... Se4~
2. Lh4—g3† Ke5—e4
3. Df8—f4‡

1. .... a7—a6
2. Drohung.

28

1. Dc6—f3
Droht
2. Se5—d3 (d7) ~
3. Lg3—f2 (e5), Df3—d3‡

1. .... e7—e6
2. Lg3—f2† Kd4×e5
3. Sa3—c4‡

1. .... Sc8—b6
2. e2—e3† Kd4—c5
3. Se5—d3‡

1. .... Sc8—d6
2. Se5—c6† Kd4—c5
3. Lg3—f2‡

1. .... Lg8—d5
2. Df3—f2† Kd4—e4
3. Df2—f4‡

1. .... Tc1~
2. Sa3—c2† Kd4—c5
3. Df3—c6‡

1. .... ~
2. Drohung.

29

1. Ld7—a4 Zugzwang

1. .... Kc5—c4
2. Ke7—d6 ~
3. La4—b5‡

1. .... Kc5—d5
2. Db2—c3 e4—e3
3. La4—c6‡

1. .... e4—e3
2. f2×e3 ~
3. Db2—d4‡

30

1. Dc6—a4 Zugzwang

1. .... Kf5—e5
2. Ta3—d3 ~
3. Td3—d5 oder Da4—d4‡

1. .... Kf5—g5
2. Ta3—h3 ~
3. Th3—h5 oder Da4—h4‡

31

1. Kf2—e2

Droht

2. c2—c4† Kb5×c4
3. Da8—a4‡

1. .... Ld8—e7
2. Da8—a4 Kb5×a4
3. d7—d8L(D)‡

1. .... Ld8—a5
2. Da8—c6† Kb5×c6
3. d7—d8S‡

1. .... Kb5—c4
2. Da8—a4‡

1. .... ~
2. Drohung.

32

1. Tf5—f1

Zugzwang.

1. .... Ke2—d2
2. Le5—f4† Kd2—e2
3. Dg6—a6‡

1. .... Ke2—e3
2. Tf1—e1† ~
2. Le5—c3, Dg6—g3‡

1. .... Ke2×f1
2. Dg6—d3† ~
3. Le5—g3‡

33

1. Dh8—b8

Droht

2. Db8—d6† Kd4—e4
3. Dd6—d5‡

1. .... Kd4—e4
2. Db8—b5 ~
3. Lf7—d5 oder Db5—d5‡

1. .... Kd4—d3
2. Db8—d6† ~
3. Lf7—h5 oder b3‡

1. .... d7—d5
2. Db8—b5 ~
3. Db5×d5‡

1. .... Kd4—c5
2. Ld2—e3† Kc5—c6
3. Db8—b6‡

1. .... ~
2. Drohung.

34

1. Sc2—d4

Zugzwang.

1. .... Kb1—a2
2. Sd4—e2 b2—b1D(T)†
3. Se2—c1‡

2. .... Ka2—b3
3. Df2—f7‡

2. .... Ka2—b1
3. Se2—c3‡

35

1. Lg7×e5
Droht

2.	De7×h7†	Dh5—g6
3.	Dh7×g6‡	
1.	....	d6×e5
2.	Tg5×e5†	Dh5×e5
3.	De7—h4‡	
2.	....	Lc3×e5
3.	De7—b4‡	
2.	....	Ke4∼
3.	Te5—e4‡	
1.	....	Lc3×d2
2.	De7×d6	Ke4×e3
3.	Le5—d4‡	
2.	....	∼
3.	Dd6—d4, d3‡	
1.	....	Dh5—g6
2.	De7×h7	∼
3.	Tg5—g4, Dh7×g6‡	
1.	....	Sd8—e6
2.	De7×b7†	d6—d5
3.	Db7×d5‡	
1.	....	Dh5—f7
2.	Tg5—g4†	Df7—f4
3.	De7×h7, Tg4×f4‡	
1.	....	∼
2.	Drohung.	

36

1. Dc7—d8
Zugzwang.

1.	....	Kd4—d5
2.	Dd8—h8	Kd5—c6
3.	Dh8—a8‡	
2.	....	Kd5—e6
3.	Dh8—g8‡	
2.	....	Kd5×e4
3.	Dh8—e5‡	
1.	....	Kd4×e4
2.	Dd8—g5	∼
3.	Dg5—e5‡	
1.	....	Kd4—e3
2.	Dd8—f6	Ke3×e4
3.	Df6—e5‡	

37

1. Lf4—e3
Droht

2.	Db1—e4†	Kd5×e4
3.	Se8—f6‡	
1.	....	Kd5—c6
2.	Db1—b6†	Kc6×b6
3.	d4—d5‡	
2.	....	Kc6∼
3.	Db6—c7, e6‡	
1.	....	g6—g5
2.	Db1—f5†	Kd5—c6
3.	d4—d5‡	
1.	....	c4—c3
2.	Db1—b3†	La6—c4
3.	Db3×b7‡	
2.	....	Kd5∼
3.	Db3—e6‡	
1.	....	Sh2×g4
2.	Db1—h1†	g3—g2
3.	Dh1×g2‡	
1.	....	∼
2.	Drohung.	

38

1. Df6—f4
Droht

2.	Df4—d6†	Kd5—e4
3.	Dd6—e5‡	
1.	....	Se6×f4
2.	Sd7—f6†	Kd5—c6
3.	Lh3—d7‡	
2.	....	Kd5—e5
3.	Le3—d4‡	

1. .... Da8—b8
2. Sb5—c3† Kd5—c6
3. Sd7×b8‡

1. .... Da8—f8
2. Sd7—f6† Kd5—c6
3. Sb5×a7‡

1. .... Sg5×f7, e4
2. Df4—e4† Kd5×e4
3. Sb5—c3‡

1. .... Kd5—c6
2. Df4×c4† ~
3. Dc4—c7, ×c5‡

1. .... ~
2. Drohung.

39

1. Sa4—b6

Droht

2. Dc5×c7† c6—e5
3. Sb6—d5‡

1. .... d4—d3
2. Dc5—e3† Kf4×e3
3. Sb6—d5‡

1. .... c7—c6 (c7×b6)
2. Dc5—e5† Kf4×e5
3. La7—b8‡

1. .... Kf4—e3
2. Dc5—e5† ~
3. De5—g3, e2‡

1. .... Sb1—c3
2. Dc5×d4† Sc3—e4
3. Sf6—h5‡

1. .... Lb2—a3
2. Dc5×d4‡

1. .... ~
2. Drohung.

40

1. Dg8—a8

Zugzwang.

1. .... c6—c5
2. Da8—h8 Ke4—d4
3. Tf6—f4‡

2. .... d5—d4
3. Dh8—a8‡

2. .... a5—a4
3. Dh8—h4‡

1. .... Ke4—d4
2. Tf6×c6 Kd4—e4
3. Tc6—c4‡

2. .... e5—e4
3. Da8—h8‡

2. .... a5—a4
3. Da8×a4‡

1. .... a5—a4
2. Da8×a4† d5—d4
3. Da4×c6‡

1. .... d5—d4
2. Da8×c6‡

41

1. Se1—c2

Zugzwang.

1. .... d3×c2
2. Se3—c4 c2—c1D, T
3. Sc4×a3‡

2. .... Kb1×a2
3. Sc4—d2‡

2. .... Kb1—c1
3. Dg8—g1‡

1. .... Kb1—c1
2. Dg8—g1† Kc1—d2
3. Dg1—e1‡

1. .... d3—d2
2. Sc2×a3† Kb1—c1
3. Dg8—c4‡

42

1. Se5—f7

Zugzwang.

1. .... d3—d2
2. Da4—b3† Kd5—e4
3. f2—f3‡

2. .... c5—c4
3. Db3—f3‡

2. .... Kd5—c6
3. Se6—d8‡

1. .... Se7—f5
2. Da4—e4† Kd5×e4
3. Lh3—g2‡

1. .... Se7~
2. Lh3—g2† Kd5×e6
3. Da4—g4‡

1. .... c5—c4
2. Da4×a5† ~
3. Se6—d8, Lh3—g2‡

1. .... Lc8—d7
2. Lh3—g2† Kd6×e6
3. Da4—e4‡

1. .... Lc8—b7
2. Kf8×e7 ~
3. Lh3—g2, Se6—f4‡

1. .... Sh5~
2. Se6—f4‡

1. .... Lc8×e6
2. Lh3—g2‡

43

1. c6—c7

Zugzwang.

1. .... Ke5×d6
2. c7—c8S† Kd6—d5
3. Sc8—b6‡

1. .... Ke5—d5
2. c7—c8D ~
3. Dc8—g8, c5‡

1. .... Ke5—f5
2. c7—c8D ~
3. Dc8×d7, c5‡

44

1. Lb5—e8

Droht
2. Df4—a4 ~
3. Da4—d7‡

1. .... d6—d5
2. Sc7—e6† Kd8×e8
3. Df4—a4‡

2. .... f7×e6
3. Df4—b8‡

1. .... ~
2. Drohung.

45

1. Dh2—g1

Zugzwang.

1. .... e4—e3
2. Lg7—h6 Ke1~
3. Dg1×e3‡

2. .... e3—e2
3. Dg1—g3‡

1. .... Ke1—e2
2. Lg7—d4 ~
3. Dg1—f2, e3 oder d1‡

1. .... Ke1—d2
2. Dg1×f1 ~
3. Df1—d1, Lg7—h6‡

46

1. Sc7—e6

Droht
2. Dc4—d4† Ke5×e6
3. La4—d7‡

1. .... Ta5×a4
2. Se6—d8 Ke5—d6
3. Dc4—d4‡

2. .... ~
3. Sd8—f7‡

1. .... Ke5—d6
2. Dc4—c6† Kd6—e5
3. d2—d4‡

1.	Ta5—d5
2. Dc4—f4†	Ke5×e6
3. Df4—f6‡	
1.	Ta5—b5, La3—b2
2. La4—b3	~
3. Dc4—d4, f4, c7‡	
1.	~
2. Drohung.	

47

1. Lf7—b3

Droht

2. Sc5—e6†	Kd4—e5
3. d2—d4‡	
1.	c3×d2
2. c2—c3†	Kd4—e5
3. Sc5—d3‡	
2.	Kd4×c3
3. Le7—f6‡	
1.	Sa7—b5
2. Le7—f6†	Kd4×c5
3. Sg3—e4‡	
1.	b6×c5
2. Le7—f6‡	
1.	~
2. Drohung.	

48

1. Ld7—c6

Zugzwang.

1.	Ke5—d6
2. Db6—d4†	Kd6×c6
3. b4—b5‡	
2.	Kd6—e6, e7
3. Dd4—f6‡	
1.	e4—e3
2. Lc6—f3	~
3. Db6—f6‡	
1.	Ke5—e6
2. Db6—f2	~
3. Df2—f6‡	
1.	Ke5—f4
2. Db6—f2†	~
3. Lc6—d7, Df2—f6‡	

49

1. c2—c3

Zugzwang.

1.	Kd6—d7
2. Lb7—c8†	Kd7×c8, d6
3. Da7—c7‡	
2.	Kd7×d8, e8
3. Da7—d7, e7‡	
1.	Kd6—e5
2. Db7—b8†	Ke5~
3. Lb7—c8‡	
1.	Kd6—e6
2. Lb7—c8†	~
3. Da7—c7‡	
1.	e4—e3
2. Da7×e3	~
3. De3—e7‡	
1.	d5—d4
2. Da7×d4†	Kd6—e6
3. Lb7—c8 (Dd4—d5)‡	

50

1. Ka4—b4

Zugzwang.

1.	Le7×d6†
2. Kb4—c4	Ld6—c7
3. Sb7—c5‡	
2.	Ld6—e7
3. Sf5—g7‡	
2.	~
3. Sb7—d8‡	
1.	Sb5×d6
2. Sb7—c5†	Ke6—d5
3. Sf5×e7‡	

1. .... Sb5~
2. Kb4—c4 ~
3. Dg6—g8, Sb7—c5, d8, Sf5—g7‡

1. .... Sh2~
2. Dg6—g8† Ke6×f5
3. Dg8—g4‡

1. .... Ke6—d5
2. Sf5×e7† Kd5—e6
3. Dg6—g8‡

1. .... Le7—d8, f8
2. Sb7—d8† Ke6—d5
3. Dg6—g8, f7‡

51

1. Sd3—c5

Droht

2. e2—e3† Kd4×d5
3. Dh3—d7, e6‡

1. .... c6×d5
2. Sc5—b3† Kd4×c3
3. Dh3—c8‡

2. .... Kd4—e4
3. e2×f3‡

1. .... f6—f5
2. Dh3—h8† ~
3. Dh8—d8, ×e5‡

1. .... b5×c5
2. Tc3—d3† ~
3. Sd5—c3, e3‡

1. .... ~
2. Drohung.

52

1. a3—a4

Zugzwang.

1. .... c6—c5
2. Sf3—d2† ~
3. Dh3—d3, d7‡

1. .... e3—e2
2. Dh3—e5† Ke4×f3
3. De5×e2‡

1. .... Ke4—d5
2. Dh3—d7† ~
3. Dh7—d4, Sf3—g5‡

53

1. a2—a3

Droht

2. Da4—d7† Kd5—c4
3. Sb7—a5‡

1. .... Sf2—d3
2. Lb1—a2† Kd5—e4
3. Sb7—d6‡

1. .... Sg3—f5
2. Lb1—a2† Kd5—e4
3. Sb7—c5‡

1. .... Kd5×e6
2. Lb1—a2† ~
3. Ld4—c5, Sb7—d6‡

1. .... Lg8×e6
2. Da4—b5† Kd5×d4
3. Db5—c5‡

1. .... Se4
2. Lb1—a2‡

1. .... ~
2. Drohung.

54

1. Te2×e6

Droht

2. Da2—f2† ~
3. Te6—e7, Df2—f6‡

1. .... Kf7×e6
2. c4—c5† d7—d5
3. c5×d5 i. V.‡

2. .... Ke6—e7
3. Lg7—f6‡

1. .... d7×e6
2. Da2—f2† Kf7×g7
3. Df2—a7‡

2. .... Kf7—e7
3. Df2—f6, f8‡

1. .... b5×c4
2. Da2×a4 ∼
3. Da4×d7‡

1. .... c3—c2
2. Da2—b2 ∼
3. Db2—f6‡

1. .... ∼
2. Drohung.

55

1. Se5—d3

Zugzwang.

1. .... Kd5—e6
2. Ld1—b3† Ke6—d7
3. Sd3—e5‡

2. .... Ke6∼
3. Db8—f4, e5‡

1. .... Kd5—c6
2. Ld1—f3† Kc6—d7
3. Sd3—c5‡

1. .... Kd5∼
2. Db8—e5 ∼
3. Ld3—e2, Sd3—b2‡

56

1. Th8—h5

Zugzwang.

1. .... f5—f4
2. Dc4—e4 Ka5×b5
3. Ke5×f4+

1. .... f5×g4
2. Th5—h4 g4∼
3. Dc4—a4, b4‡

57

1. Db8—b4 Kc6×d5
2. Lb1—d3 f6×e5
3. Ld3—e4‡

2. .... Kd5—c6
3. Db4—b5‡

2. .... c7—c5
3. Db4—e4‡

2. .... c7—c6
3. Db4—d6‡

2. .... Kd5×e5
3. Db4—c5‡

1. .... f6×e5
2. Kf8—e8 Kc6×d5
3. Ld3—e4‡

2. .... e5—e4
3. Sd5—e7‡

1. .... Kc6—d7
2. Db4—b7 ∼
3. Db7×c7‡

58

1. Se6—d4

Droht

2. De8—e6† ∼
3. De6—d6‡

1. .... Kd5×c5
2. Lf4—e3 Kc5—b4
3. Sd4×e2‡

2. .... Kc5—d5
3. De8—h5‡

2. .... d6—d5
3. De8—e7, f8‡

2. .... ∼
3. De8—b5‡

1. .... Lb6—c7
2. Sc5—e6 ∼
3. De8—h5, b5‡

1. .... Kd5×d4
2. Lf4—e3† Kd4—d5
3. De8—e4‡

1. .... Lb6×c5
2. De8—e4‡

1. .... d6×c5
2. De8—d7‡

1. .... ~
2. Drohung.

59

1. Ta4—a6
Droht
2 Sc8—e7† Kd5×c4
3. Ta6—c6‡

1. .... Sc7×a6
2. Da1—g1 e6—e5
3. Dg1—g8‡

2. .... Kd5—e5
3. Dg1—g5‡

2. .... Kd5×c4
3. Sc8—b6‡

2. .... Sa6~
3. Dg1—c5‡

2. .... Sb5~
3. Dg1—d4‡

1. .... Kd5×c4
2. Da1—e5 ~
3. Ta6—c6, a4 oder Sc8—b6, d6‡

1. .... Sb5—c3
2. Da1×c3 ~
3. Dc3—d4, Sc8—e7‡

1. .... Sb5~
2. Da1—d4‡

1. .... ~
2. Drohung.

60

1. Ld2—a5
Zugzwang.

1. .... e5—e4
2. La5—d2 Kf4—e5
3. Se3—c4‡

1. .... Kf4—e4
2. La5—c7 Ke4—f4
3. Td6—d4‡

61

1. Dh3—h7
Zugzwang.

1. .... Kd5×c6
2. Dh7—b7† Kc6×b7
3. Te4—b4‡

2. .... Kc6—c5
3. Db7—b5‡

1. .... Kd5—c5
2. Dh7×a7† ~
3. Sc6—e7, Te4—c4‡

1. .... Sa6—c5
2. Sc6—b4‡

1. .... Sa6~
2. Sc6—b4† Kd5—c5
3. Dh7×a7, c7‡

1. .... Sg3×e4
2. Dh7×e4† Kd5—c5
3. De4—d4‡

1. .... Sg3~
2. Dh7—f5† Kd5×c6
3. Df5—b5‡

1. .... d3—d2
2. Te4—e5† Kd5—c4
3. Dh7—c2‡

62

1. Tc5—e5
Droht
2. Lb6—e3† Kf4×f3
3. Da1—d1‡

1. .... Ld8×b6
2. Te5—f5† Kf4×f5
3. Da1—f6‡

2. .... Kf4—e3
3. Da1—g1‡

1. .... a7×b6
2. Lf3—d5 ∼
3. Da1—d4‡

1. .... Kf4×f3
2. Da1—h1† Kf3—f4
3 Dh1—e4‡

1. .... Tg7—b7
2. Lb6—e3† Kf4×f3
3. Da1—d1‡

1. .... d2—d1S
2. Da1—d4† Kf4×f3
3. Dd4—e4‡

1. .... ∼
2. Drohung.

63

1. h4—h5
Zugzwang.

1. .... Ke5—d5
2. Dd8—b6 e6—e5
3. Sb5—c7‡

2. .... Kd5—e5
3. Db6—d4‡

1. .... b7—b6
2. d2—d4† ∼
3. Dd8—a8, h4‡

1. .... Ke5—f4
2. Dd8—h4† Kf4—e5
3. Dh4—d4‡

64

1. Lf4—d6
Zugzwang.

1. .... c5—c4
2. Sc7—b5† Kd4—d5
3. Dc2—g2‡

2. .... Kd4—e3
3. Dc2—e2‡

1. .... Th6∼
2. Ld6×c5† Kd4—e5
3. Sf8×g6‡

1. .... Kd4—e3
2. Dc2—e2† Ke3—d4
3. Ld6×e5‡

1. .... Sd8∼
2. Sf8—e6† Kd4—e3
3. Dc2—e2‡

65

1. Sd4—c2
Zugzwang.

1. .... Kh1×g2
2. Sc2—e3† Kg2—f3
3. Db2—f6‡

2. .... Kg2—h3
3. Db2—h8‡

2. .... Kg2—g1, h1
3. Db2—g2‡

66

1. Th2—h4
Zugzwang.

1. .... g5×h4
2. f3—f4 h4—h3
3. g4—g5‡

1. .... Kf6—e5
2. Dd7—c6 g5×h4
3. f3—f4‡

67

1. Sc6—e5
Droht
2. De8—d7† Kd6×e5
3. Dd7—d4‡

1. .... Th6—h4
2. Se5—f7† Kd6—d5
3. De8—a8‡

2. .... Sg5×f7
3. De8—e6‡

1. .... Sg8—f6
2. De8—c6† Kd6×e5
3. d2—d4‡

2. .... Kd6—e7
3. Dc6—c5‡

1. .... Kd6—d5
2. De8×b5† ~
3. d2—d3, Db5—c5‡

1. .... Sg5—e6
2. Se5—f7† Kd6—d5
3. De8—a8‡

1. .... ~
2. Drohung.

68

1. Sg4—e5
Zugzwang.

1. .... Kb5—c5
2. Sd1—c3 Kc5—d4
3. Da8—a7‡

2. .... Kc5—b4
3. Da8—a3‡

2. .... Kc5—b6
3. Se5—d7‡

2. .... Kc5—d6
3. Da8—c6‡

1. .... Kb5—b4
2. Da8—c6 ~
3. Dc6—c4, Lg3—e1‡

1. .... Kb5—b6
2. b2—b4 ~
3. Da8—a5, Se5—c4, d7‡

69

1. Sc5—d7
Zugzwang.

1. .... Ld8—c7
2. Dc3—b3† Kd5×d6, d4
3. Sg7—f5‡

1. .... Ld8×e7
2. Dc3—b3† Kd5×d6, d4
3. Sg7—e8, f5‡

1. .... Sb8×d7
2. La4—b3† Kd5×d6
3. Sg7—f5‡

1. .... e3—e2
2. Dc3—d2† Kd5—c4
3. b2—b3‡

1. .... Sf7—g5
2. e7—e8S ~
3. La4—b3, Dc3—d3‡

1. .... Sf6×d6
2. Sd7—f6‡

1. .... Sf7~
2. Dc3—e5† Kd5—c4
3. De5×e4‡

1. .... Kd5×d6
2. e7—e8S† ~
3. Dc3—f6, La4—b3‡

1. .... Sb8~
2. Dc3—c6† Kd5—d4
3. Dc6×e4‡

1. .... b6—b5
2. Dc3—c5‡

1. .... e4×f3
2. Dc3—d3‡

70

1. La1—b2
Droht
2. Lc2—b3 ~
3. Da2—a3‡

1. .... Sf4—d3
2. Da2—a3† Kb4—c4
3. Lc2—b3‡

1. .... Sf4—d5
2. Da2—a3† Kb4—c4
3. Lc2—d3‡

1.	Sf1—d2
2. Lb2—d3†	~
3. Sa7—b5, La3—c5‡	
1.	Kb4—c5
2. Lb2—a3†	Kc5—d4
3. Sa7—b5‡	
1.	e5—e4
2. Da2—a4†	Kb4—c5
3. Da4—d4‡	
1.	c7×d6
2. Da2—a4†	Kb4—c5
3. Da4—b5‡	
1.	~
2. Drohung.	

71

1. Df6—d8

Droht

2. Sd5—c7	~
3. Sd6—f5‡	
1.	e5—e4
2. Dd8—f6†	Kd4×d5
3. Ld3×e4‡	
1.	c5—c4
2. Dd8—b6†	Kd4×d5
3. Ld3×c4‡	
1.	Th6—h3, h1
2. Sd6—f5†	g6×f5
3. Sd5—c7‡	
1.	Kd4×d5
2. Sd6—f7†	Kd5—e6
3. Sf7—g5‡	
2.	Kd5—c6
3. Ld3—e4‡	
2.	Lb8—d6
3. Dd8×d6‡	
1.	Lb8×d6
2. Dd8×d6	g6—g5
3. Sd5—f6‡	
1.	g6—g5
2. Sd6—f5‡	

72

1. Sc3—b5

Zugzwang.

1.	Kc5—c6
2. Dh2—h8	Kc6—b7
3. Dh8—a8‡	
2.	Kc6—d7
3. Dh8—e8‡	
2.	Kc6—c5
3. Dh8—c3‡	
1.	Kc5—c4
2. Dh2—b2	~
3. Db2—c3‡	
1.	Kc5—b4
2. Dh2—b2†	~
3. Db2—a3, c3‡	

73

1. Lg2—a8

Zugzwang.

1.	d6—d5
2. Db8—d7	d5—d4
3. Db7—h1‡	
1.	d6×c5
2. La8—b7	b2×a1~
3. Lb7—e4‡	
1.	d6×e5
2. f4×e5	f5—f4
3. La8—e4‡	

74

1. Sd6—f7

Droht

2. Da8—h8, a4	~
3. Dh8—a8, d4, c4‡	
1.	Kd5×e4
2. Da8×c6†	Ke4—d4
3. e2—e3‡	
2.	Ke4—f5
3. e2—e4‡	

1. .... Se1∼
2. Da8—d8† Kd5—c5
3. Dd8—g5‡

2. .... Kd5×e4
3. Dd8×d3‡

1. .... b6—b5
2. Da8—h8 ∼
3. Dh8—a8, e5, d4‡

1. .... Th1—h5, h6
2. Da8—a4 ∼
3. Da4—d4, c4‡

1. .... ∼
2. Drohung.

75

1. Sd3—e5
Droht
2. Se5—c6 ∼
3. Dg4—d7, e6, Sc6—e7‡

1. .... Th6—h8
2. Sf8×g6 La1—d4
3. e2—e4‡

2. .... La1×e5
3. Sg6—e7‡

2. .... ∼
3. Dg4—c4‡

1. .... La1×e5
2. Dg4—f3† Kd5∼
3. Df3—d3‡

1. .... La1—d4
2. e2—e4† Kd5×e5
3. Sf8—e7, Lb6—c7‡

1. .... Kd5×e5
2. e2—e3 ∼
3. Dg4—e6‡

1. .... ∼
2. Drohung.

76

1. Sf7—e5 ....
Droht
2. Df1—f3† Ke4×e5
3. Le3—f4‡

1. .... d4×e3
2. Ld7—c6† Ke4—d4
3. Df1—a1‡

2. .... Ke4×e5
3. Df1—f6‡

1. .... d4—d3
2. Se5—g4 ∼
3. Df1—g2, Ld7—c6‡

1. .... Ke4×e3
2. Df1—e1† Ke3—f4
3. h2×g3‡

1. .... Ke4×e5, (d5)
2. Ld7—c6(†) ∼
3. Df1—f6‡

1. .... ∼
2. Drohung.

77

1. Tf4—d4
Zugzwang.

1. .... f3×g2
2. f2—f4† Ke5×d4
3. Dg7—a7‡

2. .... Ke5×d6
3. Sd2—e4‡

1. .... Ke5×d4
2. Dg7×f6† Kd4—c5
3. b2—b4‡

1. .... Ke5×d6
2. Sd2—c4† Kd6—c5
3. Dg7—a7‡

1. .... Ke5×f5
2. Dg7—d7† ∼
3. Sd2×f3, Dd7—g4‡

78

1. Sd6—c4
Droht
2. Db3—d3† Kd4—c5
3. Dd3—d5‡

1. .... d7—d5
2. Sf4—e6† Kd4—e4
3. Db3—c2‡

1. .... Kd4—c5
2. Db3—b6† Kc5×c4
3. Db6—b4‡

1. .... Kd4—e4
2. Db3—e3† Ke4—f5
3. De3—e5‡

1. .... ~
2. Drohung.

79

1. Lg6—c2
Zugzwang.

1. .... Ke5—d5
2. d2—d4 Kd5—c4
3. Db6—c5‡

1. .... Ke5—f4
2. Db6—f6† Kf4—g4
3. Lc2—d1‡

80

1. Lb1—f5
Zugzwang.

1. .... Kd4—d5
2. b3—b4 ~
3. Dc7—c5‡

1. .... f7—f6
2. Dc7—c4† ~
3. Dc4—c5, d3‡

1. .... Kd4—e3
2. Dc7—c3† Ke3—e2
3. Lf5—g4‡

81

1. Le4—d5
Droht
2. d2—d4† Ke5×d5
3. Db1—b7‡

1. .... Le8×d7
2. Db1—h1 ~
3. Tf3—f5, Dh1—e1, h5‡

1. .... Ke5×d5
2. Db1—b7† Kd5—e5
3. d2—d4‡

1. .... e6×d5
2. Db1—e1‡

1. .... ~
2. Drohung.

82

1. De7—d8
Zugzwang.

1. .... f5—f4
2. Td4—e4† d5×e4
3. d3—d4‡

1. .... f5×g4
2. Td4—f4 Ke5×f4
3. Dd8—f6‡

2. .... La7—b8
3. Dd8×b8‡

2. .... d5—d4
3. Dd8×d4‡

2. .... ~
3. Dd8—c7‡

1. .... La7—b8
2. f2—f4† Ke5×d4
3. Dd8×b6‡

1. .... Ke5×d4, g6—f5
2. Dd8—c7(†) ~
3. Dc7—c3, g7‡

83

1. Dd1—g1
Zugzwang.

1. .... Ke4×d5
2. Dg1—e3 Kd5—d6
3. De3—e5‡

2. .... Kd5—c4
3. La4—c2‡

1. .... Ke4—f3
2. Td5—d4 Kf3—e2
3. La4—d1‡

1. .... Ke4×f4
2. La4—d1 Kf4—e4
3. Dg1—d4‡

Vierzüger

1

1. g5—g6
Droht
2. Se5—f7† ∼
3. Sf6—d5 oder Tc7×d7‡

1. .... Sb5×Tc7
2. Sf6—e4† f5×Se4
3. Se5×c4† Kd6—d5
4. f3×e4‡

2. .... Kd6×Se5
3. De3—c3† Ke5—d5
4. b3×c4‡

2. .... Kd6—d5
3. b3×c4† Kd5×Se5
4. f3—f4‡

2. .... Kd6—e7
3. De3—g5‡

1. .... Sb5—c3
2. Se5—f7† Kd6—e7
3. Sf6—g8† Dh7—Sg8
4. De3—g5‡

2. .... Le8×Sf7
3. Tc7×d7‡

1. .... Dh7—g8 (h6, h5)
2. Se5×c4† Kd6—e7
3. Sf6×Dg8 Ke7—d8
4. Tc7—c8‡

1. .... Dh7—h4
2. Se5—f7† Kd6—e7
3. Sf6—g8† Ke7—d8
4. Tc7—c8‡

2. .... Le8×Sf7
3. Tc7×d7‡

1. .... g7×f6
2. Kb7×b6 Kd6—e7
3. De3—c5† ∼
4. Se5—c6 oder Tc7—c8‡

2. .... Kd6—d5
3. b3×c4† Kd5—d6
4. De3—c5‡

2. .... Sb5—d4
3. De3×Sd4† Kd6—e7
4. Se5—c6‡

2. .... ∼
3. De3—c5‡

1. .... Kd6—e7
2. Sf6—d5† e6×Sd5
3. Se5—g4† ∼
4. De3—e5 oder Tc7—c8‡

2. .... Ke7—d6
3. Se5×c4† Kd6×Sd5
4. De3—e5‡

2. .... Ke7—d8
3. Tc7—c8‡

1. .... Dh7×g6
2. Se5×Dg6 ∼
3. D oder T‡

1. .... ∼
2. Drohung oder Tc7×d7‡

2

1. Sc5—d7
Droht
2. Sd7—f6† Kd5×e5
3. De1—g3‡

1. .... h5—h4
2. De1—d1 Kd5—e4
3. Dd1—d3† ~
4. Sd7—c5 oder Tc2—c5‡

2. .... b7—b6
3. Tc2—c4 ~
4. Dd1—b3, Tc4×d4, Dd1×d4 (d3)‡

2. .... b7—b5
3. Dd1—d3 ~
4. Tc2—c5‡

2. .... e3—e2
3. Dd1×e2 ~
4. De2—c4 oder Sd7—f6‡

2. .... Lg2—f3, e4, d4—d3
3. Dd1×f3, Tc2—c5, Dd1×d3‡

2. .... ~
3. Tc2—c4 usw.

1. .... Kd5—e4
2. Sd7—f6† Ke4—f4
3. De1—g3† Kf4—g5
4. Sf6—h7‡

2. .... Ke4×e5
3. De1—g3‡

1. .... h5×g4
2. De1—g3 Kd5—e4
3. Dg3×g4† ~
4. Tc2—c5 oder Sd7—c5‡

2. .... d4—d3
3. Sd7—f6† Kd5—d4
4. Sa1—b3‡

1. .... d4—d3
2. Sd7—f6† Kd5—d4
3. Sa1—b3† Kd4×e5
4. De1—g3‡

2. .... Kd5×e5
3. Dg1—g3† Ke5—d4
4. Sa1—b3‡

1. .... ~
2. Drohung.

3

1. Se5—g4

Droht

2. Sh5—f6† Ke4×Ld4
3. Kb7—c6 ~
4. Da3—a4, d3‡

2. .... Ke4—f5
3. Sg4—f6‡

1. .... g6×Sh5
2. Da3—a4 h5×Sg4
3. Ld4×c3 ~
4. Da4—e8, c6, c2‡

2. .... Ke4×d5
3. Sg4—f6† ~
4. Da4—d7‡

2. .... Ke4—f5
3. Da4—e8 ~
4. De8—e6‡

2. .... ~
3. Sg4—f6† Ke4—f5
4. Da4—c2‡

1. .... Ke4×d5
2. Da3—c5† Kd5—e6
3. Sh5—g7† ~
4. Sg4×h6 oder Dc5×c7‡

2. .... Kd5—e4
3. Dc5—e5‡

1. .... c7×b6
2. Da3—a4 Ke4—f5
3. Sg4×h6† Kf5—e4
4. Sh5—f6‡

2. .... Ke4×d5
3. Sg4—f6† K~
4. Da4—d7‡

2. .... ~
3. Sg4—f6† Ke4—f5
4. Da4—c2‡

1. .... Ke4×d4
2. Kb7—c6 Kd4—e4
3. Da3—a4† Ke4—f5
4. Sh5—g7‡

2.	~
3. Da3—a4, d3‡	

1.	Ke4—f5
2. Sh5—f6	~
3. Sg4×h6‡	

1.	c3—c2
2. Ld4—f6	Ke4×d5
3. Sg4—e3†	~
4. Da3—e7, d3‡	

2.	Le1—c3
3. Da3×Lc3	~
4. Dc3—c6, f3‡	

2.	~
3. Da3—f3‡	

1.	~
2. Drohung.	

4

1. Lh6—d2

Zugzwang.

1.	h7—h5
2. Ld2—e1	h5—h4
3. Td4—d2	Ka4×b4
4. Td2—d4‡	

1.	h7—h6
2. Td4—h4	h6—h5
3. Ld2—f4	Ka4×b4
4. Lf4—d2‡	

Selbstmatt in neun Zügen

1. De1—e6 ....

Zugzwang.

1.	Lc6—e4!
2. De6—d7!	Le4—b7!
3. Dd7—e8	Lb7—c6
4. De8—d8	Lc6—b7
5. Lf3—e4	Lb7—c6
6. Dd8—c8	Lc6—b7
7. Le4—d5	Lb7—c6
8. Dc8—h8	Lc6—b7
9. Ld5—c6	Lb7×Lc6‡

Anderes kürzer oder Zugumstellung.

Lösungen zu den Aufgaben von Ferdinand Möller

Zweizüger

1

1. Lf2—e1 La5×e1†
Droht Te2—e8‡.
2. Te2—f2‡

1. .... c4—c3†
2. Te2—e4‡

1. .... Da4—a3 (b3)
2. Te2—e3‡

1. .... Da4—b5
2. Te2—e5‡

1. .... Da4—e8
2. Te2×e8‡

2

1. Dd2—e3 Sg2×e3
Droht De3×e4‡.
2. Sd5—f4‡

1. .... Lb6×e3
2. Sd5—c7‡

1. .... Ke6×d5
2. De3—b3‡

1. .... Lc6×d5
2. De3—h6‡

1. .... ~
2. De3×e4‡

3

1. Dh2—c7 La5×c7
Droht Dc7×g7‡.
2. Ld2×c3‡

1. .... Te2×e4 (—f2)
2. Ld2—e3‡

1. .... d5×e4
2. Dc7—d6‡

1. .... ~
2. Dc7×g7‡

4

1. Dc3—e1 Ld6×e5
Droht Le3—f2‡.
2. Se6×c5‡

1. .... Ke4×e5
2. Le3—d4‡

1. .... Ta8—h8†
2. Le3—h6‡

1. .... Ld6—e7†
2. Le3—g5‡

1. .... Sh3—f4
2. Le3×f4‡

1. .... Sh3—g1
2. Le3×g1‡

1. .... f3—f2
2. Le3—f2‡

5

1. Dg2—g7 Lh8×g7
Zugzwang.
2. Sc6—a7‡

1. .... Th7×g7
2. Sc6—d4‡

1. .... Kb5×c6
2. Lc8—d7‡

6

1. Ld7—c6	Sa4—b6, Tb7×h7 (—d7)
Droht Lc6—d5‡.	
2. Lc6—b5‡	
1.	Sa4×c3
2. d2—d3‡	
1.	Lb3 zieht
2. Lc6—d5‡	
1.	Sh3—f4, Th4—e4, —h5
2. Dh7—e4‡	
1.	Th4—d4
2. Sf3—e5‡	
1.	~
2. Lc6—d5‡	

7

1. Da2—f2	Lc5×f2
Droht Se4—g3‡.	
2. Se4—d6‡	
1.	Lb7×e4
2. g2—g4‡	
1.	f4—f3
2. Df2×f3‡	
1.	Kf5×e4
2. Df2—c2‡	
1.	~
2. Se4—g3‡	

8

1. c3—c4	Ke5—d4
Droht Db3—e3‡.	
2. Db3—c3‡	
1.	Ke5—f4
2. Le7—d6‡	
1.	~
2. Db3—e3‡	

9

1. Dc1—h1	Sa4 zieht
Zugzwang.	
2. Sd5—c3‡	
1.	Sa6 zieht
2. Sd5—c7‡	
1.	Kb5×c6
2. Lf7—e8‡	
1.	Kb5—c4
2. Dh1—f1‡	

10

1. Se6—f4	Lc8×g4
Droht Sf4—e2‡.	
2. Sf4—e2‡	
1.	Sb4 zieht
2. Sf4—d5‡	
1.	g5×f4
2. Dg4×g7‡	
1.	Kc3—d4
2. Lc1—b2‡	
1.	~
2. Sf4—e2‡	

11

1. Lf3—d1	Tg3×d3, —g4
Droht Ld1—b3‡.	
2. Ld1—g4‡	
1.	c6—c5
2. Dd3—d5‡	
1.	Sa4 zieht
2. Sb7—c5‡	
1.	Dc8—d7
2. Dd3—e4‡	
1.	Dc8—d8
2. Sb7×d8‡	
1.	~
2. Ld1—b3‡	

12

1. Sa5—b3 Ke4×f3
Droht Se6—g5‡.
2. Sb3—d2‡

1. .... Lf8—h6
2. Sb3×c5‡

1. .... Lf8—e7, Th7—h5
2. Da3×a8‡

1. .... Sf1—e3
2. Sb3—d2‡

1. .... ∼
2. Se6—g5‡

13

1. Kg4—h5 Db8×e5†
Droht Se3—g4‡.
2. Se3—f5‡

1. .... Kd4×e5
2. Se3×c4‡

1. .... Kd4—c5
2. Se3—d5‡

1. .... ∼
2. Se3—g4‡

14

1. Lb5—e2 Kd5—c6
Droht Le2—f3‡.
2. Sc2—b4‡

1. .... Kd5—e6
2. Le2—c4‡

1. .... Kd5—e4
2. Se8×f6‡

1. .... ∼
2. Le2—f3‡

15

1. Db3—b1 Lg8×d5†
Droht Tc2—d2‡.
2. Tc2—c4‡

1. .... Ke4×d5
2. Db1—b7‡

1. .... Ke4×f5
2. Tc2—f2‡

1. .... Ke4—d3
2. Sg4—f2‡

1. .... ∼
2. Tc2—d2‡

16

1. Sc1—b3 Ke4×d3
Droht Sb3—c5‡.
2. Sb3—c5‡

1. .... Lf1×d3
2. Sb3—d2‡

1. .... f4—f3, Ke4—d5
2. Td3×d4‡

1. .... ∼
2. Sb3—c5‡

17

1. Sd4—e2 d3×c2
Droht Se2—g3‡.
2. Lb3—c2‡

1. .... Ke4—f5
2. Sd5—f6‡

1. .... Tb8×b3
1. Se2—g3‡

1. .... Sd6—f5
2. Se2—c3‡

1. .... ∼
2. Se2—g3‡

18

1. Dd3—f3 Sg5×f3
Zugzwang.
2. Sd4—e6‡

1. .... Kc5×d4
2. Df3—f2‡

1. .... b4×a3
2. Df3—c3‡

1. .... Sa1 zieht
2. Sd4—b3‡

19

1. Df7—a7 Ke5—d4
Droht Sc5—d7‡.
2. Sd6—b5‡

1. .... Th6×d6
2. Da7—g7‡

1. .... Td2×d6
2. Da7—a1‡

1. .... Ke5—f6
2. Sd6—e4‡

1. .... ~
2. Sc5—d7‡

20

1. Dg8—g1 Sf3×g1
Zugzwang.
2. Sf7—g5‡

1. .... Sb7 zieht
2. Sf7—d6‡

1. .... Th4×h3
2. Dg1—g4‡

1. .... Th4—f4
2. Sh3—f2‡

1. .... h7 zieht
2. Dg1—g6‡

1. .... c4—c3
2. d2—d3‡

1. .... d4—d3
2. Dg1—e3‡

Dreizüger

1

1. De1—a1 Kg6×f5
Zugzwang.
2. Sc4—e5 Kf5×e5
3. Da1—a5‡

2. .... Sc2 zieht
3. e2—e4‡

1. .... Kg6—h7
2. g5—g6† Kh7—h8, g8
3. Da1—a8‡

1. .... Kg6—h5
2. Sc4—e5 ~
3. Da1—h1, Sf5—g7, g3‡

1. .... Kg6—f7
2. Sf5—e7 ~
3. Tg4—f4, Da1—f6, —f1‡

1. .... Sb2 zieht
2. Da1—f6† ~
3. Tg4—h4, Df6—g7‡

2

1. Kb3—b4 Lh6×f8†
Droht Te4—e7† und Tf8—d8†.
2. Te4—e7† ~
3. Df3—d1, Ld4—c5‡

1. .... f5×e4
2. Tf8—d8† ~
3. Df3—c3, —f6‡

1. .... Kd5—d6
2. Ld4—c5† ~
3. Te4—e7‡

1. .... Kd5—c6
2. Te4—e7† Kc6—d6
3. Ld4—c5‡

1. .... g5—g4
2. Tf8—d8† Kd5—c6
3. Df3—c3‡

3

1. Sf2—g4 Sh6×g4
Droht Se6—d4 und Sg4—e5†.
2. Dh7—f7 Kc6—b5
3. Se6—d4‡

2. .... Kc6—d5, Sc3—b5
3. Se6—d8‡

1. .... a5—a4
2. Se6—d4† Kc6—d5
3. Sg4—e3‡

1. .... Kc6—b5
2. Dh7—b7† Kb5×c4
3. Sg4—e5‡

1. .... Kc6—d5
2. Tc4—d4† ~
3. Dh7—d7‡

1. .... Sh6—f5
2. Sg4—e5† ~
3. Se6—c7‡

1. .... Sh6—f7
2. Dh7×f7 usw.

1. .... Sc3—b5
2. Se6—d8† Kc6—d5
3. Sg4—e3 (De4)‡

4

1. La1—e5 Kd5—c4
Droht Sb5—c3†.
2. Sd3—b2† ~
3. Le5—c3, Sb5—c3‡

1. .... c7—c6
2. Sb5—d6 ~
3. De8—f7, c2—c4‡

1. .... Kd5—e4
2. De8—c6† ~
3. Le5—f4, Dc6—g6‡

1. .... Ld8—e7
2. Sb5—c3† ~
3. De8—b5, —c8‡

1. .... Se1×d3, c2, ~
2. Sb5—c3† Kd5—c4
3. De8—b5‡

5

1. Kb7—b6 Sg7—f5
Zugzwang.
2. Tg2—g8 ~
3. Tg8—a8‡

1. .... h5—h4
2. Tg2—g4 ~
3. Tg4—a4‡

1. .... e6—e5
2. Tb5—d5 ~
3. Td5—d1‡

1. .... f6—f5
2. Tb5—e5 ~
3. Te5—e1‡

1. .... Sg7—e8
2. Tb5×h5 ~
3. Th5—h1‡

6

1. Kh3—g3 f6—f5
Droht Se6—g7†.
2. Se6—f4† Kh5—g5
3. Sf8—h7‡

1. .... Td7×f7
2. h2—h4 ~
3. Se6—f4, ×g7‡

1. .... ~
2. Se6—g7† Kh5—g5
3. h2—h4‡

7

1. Tf3—g3 Kd4×e5
Droht Se5—f3†.
2. Lb4—d6† ~
3. Sf4—e2, —h5‡

1. .... h4×g3
2. Se5—f3† Kd4—e3
3. Lb4—d2‡

1. .... La1—c3 (Sc3)
2. Se5—d7 ~
3. Lb4—c5, Sf3—e2, ×e6‡

8

1. b5—b6 Ke5—d4
Droht Se3—c4†.
2. Dc6—c7 ~
3. Dc7—c5, Se3—f5‡

1. .... Lh3—g2
2. Se3×g4† ~
3. Dc6—d7, Sc3—b5‡

1. .... ~
2. Se3—c4† ~
3. Sc3—b5, e2—e4‡

9

1. Se1—d3 Ta2×g2
Droht Tg2—f2.
2. Dg7—b7 Kh1—g1
3. Db7—b1‡

1. .... Ta2~
2. Tg2—f2 ~
3. Sd3×f2, Tf2—f1, Dg2‡

10

1. Th6—h7 Lg8×h7
Zugzwang.
2. Dd6—c7 ~
3. Dc7—c4‡

1. .... h4—h3
2. Th7×h3 ~
3. Th3—e3‡

1. .... a5—a4
2. Dd6—b4† ~
3. Db4—c4‡

1. .... f7~
2. Th7—e7† Lg8—e6
3. Te7×e6‡

11

1. Sg4—f2 Tc2×f2, g3×f2
Droht Tf4—h4.
2. Tf4—b4 ~
3. Tb4—b8‡

1. .... Lg1×f2
2. Tf4—h4 ~
3. Th4—h8‡

1. .... Sb1—a3
2. Tf4×a4 ~
3. Ta4—a8‡

12

1. De1—g1 Kd4—d3
Droht Se3—c2†.
2. Se3—c2 Kd3×c2, ~
3. Dg1—b1, Sc2—e1, ×b4‡

1. .... g5—g4
2. Se3—c2† ~
3. Sc2—e1, Th2—h5‡

1. .... Kd4×c5
2. Sd2—b3† ~
3. Dg1—g3, —f1‡

1. .... Kd4—e5, b×c5
2. Dg1—g4(†) ~
3. Dg4—e4, Sd2—c4, —f3‡

1. .... ~
2. Se3—c2† ~
3. Sc2—e1, ×b4, Dg1×g5‡

13

1. Tf1—e1 Lc3×e1
Droht f3—f4†.
2. Sb7—a5 ~
3. Sa5—c4, Le3—f4‡

1. .... Lc3—d4
2. Le3—f4† Ke5×f4
3. Te1—e4‡

1. .... ~
2. f3—f4† Ke5—e4
3. Sb7×c5‡

14

1. Ta8—d8 Ke4×d5
Droht Ld7—f5†.
2. Tc6—e6 Th6×e6, ~
3. Ld7—c6, —c8‡

1. .... Ke4—d4
2. Ld7—e6 ~
3. Tc6—c4‡

1. .... Th6×c6
2. Ld7—f5† Ke4—d4
3. e2—e3‡

1. .... Th6—d6
2. Tc6—c4† Ke4×d5
3. e2—e4‡

1. .... Th6—e6
2. Tc6—c4† Ke4×d5
3. Ld7—c6‡

15

1. Lh4—d8 Kd6—e5
Droht Sa5—c4†.
2. Sa5—c6† ~
3. Ld8—c7, —g5, —e7‡

1. .... Lc1—f4
2. Sa5—b7† Kd6—e5
3. Ld8—f6‡

1. .... e6—e5
2. Da4—b4† ~
3. Db4—b6, —e7‡

1. .... Sb3×a5
2. Da4×a5 ~
3. Da5—c7, —b6‡

1. ...... Sb3~
2. Da4—d4† La2—d5
3. e4—e5‡

1. .... Th1×h7, ~
2. Sa5—c4† Kd6—c5
3. Ld8—b6‡

16

1. Lb7—g2 Kd4×c5
Droht Sc5—d7.
2. Dh3—a3† ~
3. Se5—c6, ×c4‡

1. .... Kd4×e5
2. Dh3—g3† ~
3. Lg2—e4, Sc5—e6‡

1. .... Sa8—b6
2. Se5—c6† Kd4×c5
3. Dh3—a3‡

1. .... Lf8—g7
2. Se5—d7 ~
3. Sc5—e6, Dh3—d3‡

1. .... Lf8—d6
2. Se5—c6† Kd4×c5
3. Dh3—e3‡

1. .... ~
2. Sc5—d7 ~
3. Se5—c6, Dh3—d3‡

17

1. De8—e6 Ke3×d3
Droht Le5—d4† und Le5—f4†.
2. De6—f5† Kd3—e3
3. Le5—d4‡

1. .... Ke3×f3
2. De6—d5† Kf3—e3
3. Le5—f4‡

1. .... Te1—c1
2. Le5—d4† ~
3. De6—f5, g4‡

1. .... Te1—g1
2. Le5—f4† ~
3. De6—d5, c4‡

18

1. c4—c5 b6×c5†
Zugzwang.
2. Ld5—b7† Kd4—c4
3. Dd0—f4‡

1. .... Tb5×c5
2. Ld5—c6† ~
3. Dd6—f4, ×a5‡

1. .... Tb5—b4
2. Ld5—c6† Kd4—c4
3. Dd6—d5‡

1. .... g6—g5
2. Ld5—g8† Kd4—e4
3. Lg8×h7‡

1. .... h7∼
2. Ld5—f7† Kd4—e4
3. Lf7×g6‡

19

1. Lc2—d3 Ke6×d5
Droht Ld3—c4.
2. Ld3—e4† ∼
3. Td1—d4, Le4—d5, Lh8—d4‡

1. .... Ke6—f7
2. Td5×f5† Kf7—e6
3. Td1—e1‡

1. .... ∼
2. Ld3—c4 ∼
3. Td5—e5, ×f5, Lc4×d5‡

20

1. Td7—f7 Sa3—b5
Droht Sf5×d6†.
2. Tf7—b7 ∼
3. Tb7—b8‡

1. .... Sa3—c4
2. Tf7—h7 ∼
3. Th7—h8‡

1. .... ∼
2. Sf5×d6† Ke8—d8
3. Tf8—d8‡

21

1. Lf5—d3 Ka2—a1
Zugzwang.
2. Dh2—h8 ∼
3. Dh8—a8‡

1. .... d5—d4
2. Dh2—g2 ∼
3. Dg2—a8‡

1. .... Ka2—a3
2. Ld3—b1 d5—d5
3. Dh2—d6‡

22

1. La2—b1 g5—g4
Droht Sd5—c7†.
2. Sd5—f4† Ke6×e5
3. Dc2—c7‡

1. .... Sh4∼
2. Dc2—f5† Ke6×d5
3. Lb1—e4‡

1. .... Ke6×d5
2. Dc2—c4† Kd5×e5
3. Lg1—h2‡

1. .... Ke6×e5
2. Lg1—h2† ∼
3. Dc2—c4, e4‡

1. .... f6—f5
2. Lg1—d4 ∼
3. Sd5—c7, Dc2—c4‡

1. .... f6×e5
2. Dc2—c8† ∼
3. Dc8—d7‡

1. .... ∼
2. Sd5—c7† Ke6×e5
3. Dc2—h2‡

23

1. Sc4—d6 c7×d6
Droht Sd6—b5†.
2. Le7—d8 ∼
3. Ld8—b6, Sg5—e6‡

1. .... Kd4—c5
2. Sd6—b7† ∼
3. Le7—c5‡

1. .... Kd4—e3, Lc1, e1
2. Sd6—e4 ~
3. Le7—c5‡

1. .... ~
2. Sd6—b5† Kd4—e3
3. Le7—c5‡

24

1. Da1—d1 Td3×d1
Droht Le3—f4†.
2. Se6—c5 ~
3. Sd6—f7, Le3—f4, f2—f4‡

1. .... Td3×d6
2. Dd1—h5† ~
3. Se6—c5, Dh5—f5‡

1. .... Ke5×e6
2. Dd1—g4† ~
3. Le3—f4, Sd6—f7‡

1. .... Ke5×d6
2. Dd1×d3† ~
3. Dd3—d5‡

1. .... ~
2. Le3—f4† Ke5×e6
3. Dd1—g4‡

25

1. Lb1—a2 b3×a2
Zugzwang.
2. Sb5—d4 ~
3. Dh8—h1, Sd4—b3‡

1. .... Ka1×a2
2. Sb5—c3† ~
3. Dh8—f8, —a8‡

26

1. Td6—c6 Ke4×d4
Droht Db8×c7.
2. Db8×b7 ~
3. Tc6—c4, Db7—b4‡

1. .... Ke4×f4
2. Db8×c7† ~
3. Ld4—f6, Dc7—e5‡

1. .... Le8×c6
2. Db8—h8 ~
3. Dh8—e5‡

1. .... b7×c6
2. Db8—b3 ~
3. Db3—b4, ×e3‡

1. .... ~
2. Db8×c7 ~
3. Dc7—e5‡

27

1. Dc2—c8 Ke5×f5
Droht Dc8—e8†.
2. Kd7—e7† ~
3. Dc8—c2, —e6‡

1. .... Ke5—d5
2. Dc8—g8† ~
3. Dg8—e6‡

1. .... Sa5—c6
2. Dc8×c6 ~
3. Dc6—e6‡

1. .... ~
2. Dc8—e8(†) ~
3. De8—e6‡

28

1. La6—c8 Lg8×c4
Droht Sc4—e5†.
2. Dh3—c3 ~
3. Sc2—b4, Dc3—f3, f6‡

1. .... Kc6—d5
2. Dh3—f3† Kd5×c4
3. Lc8—a6‡

1. .... Lg8—h7
2. Dh3—e6 ~
3. Sc4—e5‡

1. .... Lg8∼
2. Sc4—e5† ∼
3. Dh3—d7, —f3‡

29

1. Dh2—f2 c7—c5
Zugzwang.
2. Df2×f4 ∼
3. Sa6—c7, Df4—d6, —e4‡

1. .... d7—d6
2. Df2×f4 ∼
3. Se8×c7, Df4—e4‡

1. .... Se3∼
2. Df2—c5† Se6×c5
2. Sa6×c7‡

1. .... Se6∼
2. Se8×c7† Kd5—d6
3. Df2×f4‡

1. .... c7—c6
2. La4—b3† Se3—c4
3. Lb3×c4‡

1. .... f4—f3
2. Df2×e3 ∼
3. De3—e4, e5‡

30

1. Kh5—g4 d3—d2
Zugzwang.
2. De1—e3† Kd4×e3
3. La3—c5‡

1. .... g3—g2
2. De1—f2† ∼
3. Df2—b2‡

1. .... Sa8—b6
2. La3—b2† Kd4—c5
3. De1—e7‡

1. .... Sf8∼
2. Sf4—e6† Kd4—d5
3. De1—e4‡

1. .... Lb1—c2
2. De1—e4† Kd4—c3
3. De4—b4‡

1. .... Lb1—a2
2. De1—e4† Kd4—c3
3. De4×d3‡

31

1. Sc4—d2 f6×e5
Droht Se5—f3†.
2. Sd2—e4 ∼
3. Da3—d3, c5‡

1. .... Kd4—d5
2. c2—c4† ∼
3. Da3—c5, Se5—f3‡

1. .... c6—c5
2. Da3—d3† ∼
3. Sd2—f3‡

1. .... Le8—h5
2. Se5—d7 ∼
3. Da3—c5‡

1. .... ∼
2. Se5—f3† Kd4—d5
3. c2—c4‡

32

1. Lf6—e5 Tf4—f8†
Droht Te6—e8†.
2. Te6—e8† Tf8×g8
3. e2—e4‡

1. .... c6—c5
2. Te6—d6† Kd5×e5
3. Td6—d5‡

1. .... Tf4—f7
2. Lg8×f7 ∼
3. e2—e4, Te6—e7‡

1. .... ∼
2. Te6—e8† Tf4—f7
3. Lg8×f7‡

33

1. Td6—h6 Ke4×d5
Droht Th6—h5.
2. Th6—h5† ~
3. Th5—c5, e5‡

1. .... Ke4—f5
2. Sd5—f6 ~
3. g2—g4‡

1. .... Lg1—e3
2. Sd5—f6† Ke4—f5
3. g2—g4‡

1. .... ~
2. Th6—h5 ~
3. Th5—e5, Sd3—c5, f2‡

34

1. Sf5—e3 Ke5—d4
Droht Se3×g4†.
2. Db3—b6† ~
3. Le6—c4, Se3×g4‡

1. .... Ke5—f6
2. Se3×g4† ~
3. Db3×c3, —d5‡

1. .... Ke5—d6
2. Db3—b6† Kd6—e5
3. Se3×g4‡

1. .... ~
2. Se3×g4† ~
3. Db3—b6, —d5‡

35

1. Dc7—a5 Kd3×e4
Droht Da5×a6†.
2. Sh5—f6† ~
3. e3—e4, Da5×a6‡

1. .... Ld1×h5
2. Da5—d2† ~
3. Dd2×c2, —c3‡

1. .... Kd3—e2
2. Da5×a6† Ke2—e1
3. Lc1—d2‡

1. .... Sh3—f4
2. Sh5×f4† ~
3. Se4—d2, Da5×d5‡

1. .... Sh1—g3 oder ~
2. Da5×a6† Kd3×e4
3. Sh5×g3, Da6×g6‡

36

1. Dh6—b6 Sa8×b6
Droht Db6×b7†.
2. Sb5—c7† ~
3. Le2—b5, —d3‡

1. .... La5×b6
2. Sb5—c3† ~
3. Le2—b5, ×g4‡

1. .... c5—c4
2. Db6—d4† ~
3. Sb5—a7, Le2×g4‡

1. .... Kd5—e4
2. Db6—e6 ~
3. Le2—d3, Le5—d6‡

1. .... Sd2—f3
2. c2—c4† Kd5—e4
3. Db6—g6‡

1. .... ~
2. Db6×b7† Kd5—e6
3. Le2×g4‡

37

1. Dh1—d1 Ke6—d5
Droht Ld3—f5†.
2. Dd1—f3† ~
3. Ld3—f5, Df3×e4‡

1. .... Ke6—d7
2. Ld3—f5† ~
3. Lf5—g6, —e4‡

1. .... g7~
2. Ld3—e4 ~
3. Dd1—g4‡

1. .... e5—e4
2. Dd1—g4† ~
3. Dg4×e4‡

1. .... Lb6—d4
2. Dd1—g4† Ke6—d5
3. Ld3—e4‡

1. .... ~
2. Ld3—f5† Ke6×f5
3. Dd1—g4‡

38

1. Tg4—d4 Kf5×e5

Droht Se5—f3.

2. Lg5—f6† Ke5—f5
3. g2—g4‡

1. .... Kf5×g5
2. Se5—f3† ~
3. Td4—h4, g2—g4‡

1. .... h7—h6
2. g2—g4† ~
3. Se5—f3, Lg5—f6‡

1. .... ~
2. Se5—f3 ~
3. Td4—f4‡

39

1. c5—c6 Kd5×c6

Droht Dd3—b5†.

2. Dd3—c4† ~
3. Dc4—c7, e6‡

1. .... Kd5—d6
2. Dd3—g6† Kd6—d5, e5
3. Dg6—e6‡

1. .... Kd5—e5
2. Dd3—f5† Ke5—d6
3. Df5—e6 (c5)‡

1. .... ~
2. Dd3—b5† ~
3. Db5—c5, f5‡

40

1. Sd1—f2 Db6×e3

Droht La3—b2†.

2. Df7—f4† ~
3. La3—b2, ×d6, Df4—f6‡

1. .... Ke5—d4
2. Df7—f6† Kd4×e3
3. La3—c1‡

1. .... Db6—d4
2. Df7—e7† ~
3. La3×d6, De7—g5‡

1. .... ~
2. La3—b2† Db6—d4
3. Sf2—d3‡

41

1. Se3—d1 Le2×d1

Droht Sd1—b2.

2. Dc2—e4 ~
3. Sd5—c3, De4—c4‡

1. .... Le2—c4
2. Dc2—a4† Kb5×a4
3. Sd1—c3‡

1. .... Le2—d3, f3—f2
2. Dc2×d3, ×e2† ~
3. Sd1—c3, D—c4‡

1. .... Lb8—c7
2. Sd1—c3† ~
3. Dc2—e4, Sd5—e7‡

1. .... ~
2. Sd1—b2 ~
3. a2—a4, Dc2—a4, c4‡

42

1. Dc8—h3 Kd4—c4
Droht Se1—c2†.
2. b2—b3† ~
3. Se1—c2, Dh3—h8‡

1. .... Kd4—e5
2. Dh3—h8† Ke5—e6
3. Dh8—e8‡

1. .... e4—e3
2. Dh3—g4† Kd4—e5
3. Se1—d3 (f3)‡

1. .... La7~
2. Se1—c2† Kd4—c4
3. b2—b3‡

43

1. Da8—a6 Tf7—f6
Droht Da6—d3†.
2. Da6—f1† ~
3. Le5—f4, Df1—b1‡

1. .... Kf5—g5
2. Le5—f4† ~
3. Da6—c4, Lf4—g5‡

1. .... Kf5—e4
2. Da6—c4† Ke4—f5
3. Dc4—f4‡

1. .... ~
2. Da6—d3† Kf5—g5
3. Dd3—g6‡

44

1. Db8—b7 Ta4—a5
Droht Se5—d3†.
2. Db7×b4† Kc5×b4
3. Se5—d3‡

1. .... Kc5—d6
2. Db7—d7† ~
3. Dd7—d4‡

1. .... Sa8—c7
2. Db7×c7† Sa7—c6
3. Dc7×c6‡

1. .... ~
2. Se5—d3† Kc5—d6
3. c4—c5‡

45

1. f3—f4 Kd5×c4
Droht Sc4—d6.
2. Da7—a6† ~
3. Le8—a4, c6‡

1. .... Kd5—e4
2. Da7—h7† Ke4—d5
3. Sc4×e3‡

1. .... La2—b3
2. Da7—b7† Kd5×c4
3. Le8—b5‡

1. .... Sf2—d3
2. Da7—d7† ~
3. Dd7×e6, Le8—g6‡

1. .... Sa8~
2. Sc4—b6† Kd5—e4
3. Le8—g6‡

1. .... ~
2. Sc4—d6 ~
3. Da7—b7, d4‡

46

1. Kc2—c3 d5—d4†
Zugzwang.
2. Kc3—c2 d4—d3†
3. e2×d3‡

1. .... d5×c4
2. Df8—f7 ~
3. Sb5—d6, Df7—f3‡

47

1. Dg8—h8 Ke4×d5
Droht Sd5—c3†.
2. Lg7—c3 ~
3. Dh8—a8, —d4‡

1. .... c6—c5
2. Dh8—e8† Ke4×d5
3. De8—a8‡

1. .... f4—f3
2. Dh8×h4† Ke4×d5
3. Dh4—d4‡

1. .... ~
2. Sd5—c3† Ke4—e3
3. Lg7—d4‡

48

1. Se6—d8 Ke5—f6
Droht Sh4×f3†.
2. Dg8—h8† ~
3. Sh4—f5, Sd8—e6‡

1. .... Ke5—d6
2. Dg8—f8† Kd6—e5
3. Sh4×f3‡

1. .... Ke5—d4
2. Sh4×f3† Kd4—c5
3. Dg8—f8‡

1. .... Ke5—f4
2. Dg8×d5 ~
3. Sd8—e6 (Df5, Sg6)‡

1. Sf1—d2, —h2, d5—d4
2. Dg8—e6† ~
3. De6—f5, —e3‡

1. .... ~
2. Sh4×f3† ~
3. Dg8—g4, —g5‡

49

1. Dg6—b1 Kc5×d6
Droht Lc4—e6.
2. Db1—b6† Kd6—d7
3. Lc4—e6‡

1. .... Kc5×c4
2. Td6—c6† Kc4—d5
3. Db1—h1‡

1. .... d4—d3
2. Lc4—e6 ~
3. Db1—b6‡

50

1. La5—d8 a7~
Zugzwang.
2. Se7—g6† ~
3. Ld8—e7, b6‡

1. .... b7~
2. Se7—c6† Ke5—d6
3. Ld8—e7‡

1. .... Lb8—d6
2. Se7—c6† b7×c6
3. Ld8—f6‡

1. .... Ke5—d6
2. Df3—d3† ~
3. Se7—g6, b3—b4‡

1. .... Sb1~
2. Df3—c3† ~
3. Dc3—e3, —d4‡

1. .... Lb8—c7
2. Ld8×c7† Ke5—d4
3. Df3—e3‡

51

1. Kd6—c7 d7—d5
Droht Se8—d6†
2. Dc4—e4† ~
3. Sc2—d4, Se8—d6‡

1. .... Lf3—d5
2. Dc4×d5† Sg4—e5
3. Sc2—e3‡

1. .... ~
2. Se8—d6† Kf5—f6
3. Dc4—f7‡

52

1. Tf8—e8 Ta8×e8
Droht Dd1—f1.
2. Dd1—a1† ~
3. Le7—g5, Da1—f6‡

1. .... Tb6×d6†
2. Le7—f6† ~
3. Dd1—f1‡

1. .... ~
2. Dd1—f1 ~
3. Df1—f6, Le7—f6‡

53

1. Kg2—h3 d3—d2
Zugzwang.
2. Df3—e2 ~
3. De2—b5, Sc6—b8‡

1. .... Kd7—e6
2. Df3—e3† Ke6—d7, d5
3. Sc6—b8, b4‡

1. .... f5—f4
2. Df3—e4 ~
3. Sc6—b8‡

1. .... Sh6~
2. Df3×f5† Kd7×c6
3. Df5—b5‡

54

1. Sc5—e6 f7×e6
Droht Se6—f4†.
2. Lb5—e2 ~
3. Db8—b5‡

1. .... Kd5×e6
2. Le5—f4 ~
3. Db8—g8, —e5‡

1. .... b4—b3
2. Lb5—c4† ~
3. Db8—b5‡

1. .... Th2—h4
2. Db8—c7 ~
3. Lb5—c4‡

1. .... ~
2. Se6—f4† Kd5—c5
3. Db8—c7‡

55

1. Sd6—e4 f5×e4
Droht Dd4×b6.
2. Lb2—a3 ~
3. Dd4—a1, ×b4‡

1. .... Te3×e4
2. Dd4—g1 ~
3. Dg1—a1‡

1. .... d5×e4
2. Dd4—d7† b6—b5
3. Dd7×b5‡

1. .... ~
2. Dd4×b6 ~
3. Se4—c5, Db6—a5‡

56

1. Lf1—d3 Kc6—d5
Droht Db8—d8.
2. Db8—c7 ~
3. Dc7—d7, —d6, —c6‡

1. .... g6—g5
2. Db8—d8 ~
3. Ld3—e4‡

1. .... Kc6—d7
2. d4—d5 ~
3. Ld3—b5, —f5‡

1. .... a6—a5
2. Ld3—b5† Kc6—d5
3. Db8—e5‡

57

1. Sb7—c5 La6×c8
Droht Dc8—e6†.
2. f3—f4† ~
3. Sc5—d3, Sd6—b5‡

1. .... Ke5—f4
2. Sc5—e6† Kf4—e5
3. f3—f4‡

1. .... Ke5—d4
2. Sc5—e6† ~
3. f3—f4, Dc8—c2‡

1. .... La6—d3
2. f3—f4† ~
3. Sc5—e6, ×d3‡

1. .... g4×f3
2. Dc8—e6† ~
3. g2—g3, De6—e3‡

1. .... d5—d4, ~
2. Dc8—e6† Ke5—f4, —d4
3. De6—e4, —e3‡

58

1. Df1—f3 Ta2—f2
Droht Sf6—g4† und Sf6—d7†.
2. Df3—a3 ~
3. Le7—d6, Da3—d6‡

1. .... d4—d3
2. Sf6×d7† ~
3. Le7—f6, Df3—g4‡

1. .... Lf7×e8
2. Sf6—g4† Ke5—e6
3. Df3—f6‡

1. .... Lf7—e6
2. Le7—c5 ~
3. Sf6×d7 (—g4)‡

1. .... Ke5—e6
2. Df3—g4† Ke6—e5
3. Sf6×d7‡

1. .... Sg2—e3
2. Df3—g3† Ke5—e6
3. Dg3—d6‡

1. .... Sg2—f4
2. Sf6×d7† Ke5—e6
3. Df3—g4‡

1. .... ~
2. Sf6—g4 od. ×d6† ~
3. Df3—f6 oder —g4‡

59

1. Le5—d4 La8—c6
Zugzwang.
2. Df6—f7† ~
3. Ld4—e5, Sd7—c5‡

1. .... a7~
2. Df6—g6 ~
3. Sd7—b6‡

1. .... Kd5—c4
2. Df6—a6† Kc4—d5
3. Sd7—f6‡

1. .... Kd5—e4
2. Sd7—c5† Ke4—d5
3. Df6—e6‡

1. .... La8—b7
2. Df6—e5† ~
3. Sd7—b8, De5—b5‡

60

1. Ld7—g4 Ke5—e4
Droht Se1—f3†.
2. Se1—f3 ~
3. Lg4—f5, Td3—d4‡

1. .... Ke5—f4
2. Td3—d4† ~
3. Se1—f3‡

1. .... ~
2. Se1—f3† ~
3. Td3—d4‡

Vierzüger

1

1. Le4—f3 Ka6—a5
Zugzwang.
2. Lf3—e2 a4—a3
3. b2—b4† Ka5—a4
4. Le2—d1‡

2. .... a7—a6
3. Le2—d1 a4—a3
4. b2—b4‡

1. .... a4—a3
2. b2—b4 a3—a2
3. Kc5—c6 ~
4. Lf3—e2‡

2

1. Dg3—g1 La8×c6
Droht Te7—d7.
2. Dg1—d4† e5×d4
3. Se6—g7† ~
4. Sg7—h5, Te7—e5‡

1. .... Ke4—d5
2. Dg1—h1† e5—e4
3. Dh1—h5† Kd5×c6
4. Se6—d4‡

1. .... Lc1—b2
2. Te7—d7 c3—c2
3. Dg1×g4 ~
4. Dg4—f3, ×f4‡

1. .... ~
2. Te7—d7 h6—h5, ~
3. Td7—d4† e5×d4
4. Dg1×d4‡

3

1. Da1—b1 Sc3×b1
Droht Db1—h7.
2. Th5—h8 Dh2×e5†
3. Lg8—d5† De5×h8
4. c6—c7‡

2. .... Ka8—b8
3. Lg8—e6† Kb8—c7
4. Th8—c8‡

1. .... Dh2—g2, h1
2. Th5—h8 D×c6
3. Lg8—d5† Ka8—b7
4. Db1—h7‡

1. .... Dh2×e5†
2. Th5×e5 Le1—g3, Ka8—b8
3. Db1—h7 ~
4. Dh7—b7, Te5—e8‡

1. .... d4—d3
2. Db1×d3 Sc3—d5
3. Dd3×a6 ~
4. Da6—b7‡

2. .... Dh2×e5†
3. Th5×e5 ~
4. Dd3—d8, Te5—e8‡

1. .... Dh2—f4 od. ~
2. Db1—h7 Df4—f7
3. Dh7×f7 usw.

2. .... Dh2×e5†
3. Th5×e5 usw.

4

1. La4—c2 Kg6—g5
Droht Te4—g4†.
2. Te4—c4 g7—g6
3. Lc2—d1 h5—h4
4. f3—f4‡

2. .... h5—h4
3. Tc4—g4† Kg5—h5
4. Lc2—g6‡

1.	....	Kg6—h7
2.	Ke6—f7	~
3.	Te4—e8†	g7—g6
4.	Lc2×g6‡	

5

1.	Lb3—d1	h7—h6

Droht Dg4—g5.

2.	Dg4—g7	Ke4—f5
3.	Ld1—f3	~
4.	Dg7—f7, —f6, —g6‡	
2.	....	Ke4×f4
3.	Dg7—f6†	Kf4—e4
4.	Ld1—f3‡	
1.	....	Ke4—d4
2.	Dg4—f5	Sa4—c3
3.	Ld1—b3	~
4.	Df5—e5‡	
1.	....	Ke4—d5
2.	Dg4—f5†	Kd5—d4
3.	Df5—e5†	Kd4—c4
4.	De5—e4‡	
1.	....	c5—c4
2.	Dg4—g5	Sa3—c5†
3.	Ka6—a7	~
4.	Dg5—e5‡	
1.	....	Sa4~
2.	Ld1—f3†	Ke4—d4
3.	Dg4—g7†	Kd4—c4
4.	Dg7—c3‡	
1.	....	~
2.	Dg4—g5	Ke4—d4
3.	Dg5—e5†	Kd4—c4
4.	De5—e4‡	

6

1.	Kc2—b2	Lf2—g3

Droht Sa3—c2†.

2.	e4—e5	Lg3×e5
3.	Sf7—d8	~
4.	Sd8—c6‡	
2.	....	Lg3~
3.	Sa3—c2†	Kd4—c4
4.	Sf7—d6‡	
1.	....	Lf2—e1?
2.	Sa3—c2†	Kd4—c4
3.	Sf7—d6‡	

7

1.	Lg6—h7	f5—f4

Zugzwang.

2.	Sc3—e4	Ke6—d5
3.	Tg7—d7†	~
4.	Se4—c5, —d2‡	
2.	....	c6—c5
3.	Lh7—g8†	Ke6—f5
4.	Se4—d6‡	
1.	....	Ke6—d6
2.	Lh7—g8	c6—c5
3.	Sc3—b5	Kd6—c6
4.	Tg7—c7‡	
1.	....	c6—c5
2.	Lh7—g8†	Ke6—d6
3.	Sc3—b5†	Kd6—c6
4.	Tg7—c7‡	

8

1.	Sf6—d7	Kc4—d4

Zugzwang.

2.	Th6—b6	Kd4—c4
3.	Lc2—e4	Kc4—d4
4.	Tb6—b4‡	
2.	....	Kd4—d5
3.	Lc2—d3	Kd5—d4
4.	Tb6—d6‡	
1.	....	b7—b6
2.	Th6—b6	Kc4—d4
3.	Tb6—b4†	Kd4—d5
4.	Lc2—e4‡	

2.	Kc4—d5
3. Lc2—d3	Kd5—d4
4. Tb6—d6‡	

1.	b7—b5
2. Th6—d6	Kc4—b4
3. Td6—d4†	Kb4×a5
4. b2—b4‡	

2.	b5—b4
3. Lc2—d3†	Kc4—b3
4. Sd7—c5‡	

1.	Kc4—b4, —b5
2. Th6—b6†	K—c4
3. Lc2—e4	Kc4—d4
4. Tb6—b4‡	

1.	Kc4—d5?
2. Lc2—d3	~
3. Th6—d6‡	

9

1. Lf3—e2	e7—e6
Zugzwang.	
2. Le2—d3	Kf5—g4
3. Sg5—f7	~
4. Se4—f6, Sf7—h6, Sf7×e5‡	

10

1. Lb3—c4	f3—f2
Zugzwang.	
2. Sb7—a5	Kd4—c5
3. Se5—c6	~
4. Sa5—b4, d3—d4‡	

1.	b4—b3
2. Lf4—e3†	Kd4×e5
3. d3—d4†	~
4. Sb7—d6‡	

1.	Lc8×b7?
2. Se5×d7	~
3. Lf4—e3‡	

1.	h5—h4?
2. Se5×g4	~
3. Lf4—e3‡	

11

1. Lh5—g6	Kh3—g4
Zugzwang.	
2. Tb3×b4	e6—e5
3. e2—e4	~
4. Lg6—h5, —f5‡	

2.	Kg4—h3
3. Tb4×f4	~
4. Tf4—h4‡	

12

1. Tb8—b7	Ka4—a5
Zugzwang.	
2. a2—a4	Ka5—a6
3. Lg4—c8	Ka6—a5
4. Tb7—b5‡	

1.	Ka4—a3
2. Tb7—b5	Ka3—a4
3. Lg4—d7	Ka4—a3
4. Tb5—b3‡	

13

1. Tc8—c7	Lh8—e5
Droht Tc7—d7†.	
2. Tc7—c5	Sb7×c5
3. Se4—g5	~
4. Sg5—f3, —e6‡	

1.	Kd4—e5
2. Tc7—e7†	Ke5×f5
3. Se4×g3†	~
4. Se3—d5, Te7—e4‡	

2.	Ke5—d4
3. Kg2—f3	~
4. Ld2—e3‡	

1. .... ~
2. Tc7—d7† Sb7—d6
3. Td7×d6† Kd4—e5
4. Td6—d5‡

1. .... Sb7—d6?
2. Tc7—c5 ~
3. Tc5—d5‡

14

1. Td1—d8 e5—e4
Zugzwang.
2. Td8—e8 e7~
3. Te8—e6 ~
4. Te6×c6, —e5‡

1. .... e7—e6
2. Lg8×e6 e5—e4
3. Le6—d5 c6×d5
4. Td8—c8‡

15

1. Dd1—f1 h6—h5
Droht Df1—f8.
2. Df1—f8 e7—e6
3. Df8—a3† Sb1×a3
4. Sb5—c3‡

2. .... h7—h6
3. Df8×e7 ~
4. Sb5—c3‡

2. .... Sb1~
3. Sb5—c3† Ka2—a3
4. Df8×e7‡

1. .... Sb1—d2
2. Sb5—c3† Ka2—a3
3. Df1—a6† Ka3—b4
4. Sc3×d5‡

16

1. Sf2—h3, c4—c3, d4—d3
Droht Te2—h2.
2. Te2—h2 ~
3. Sh3×g5 ~
4. h5—h6, Sg5—e6‡

1. .... b3—b2
2. Te2×b2 ~
3. Tb2—b8 ~
4. Tb8—g8‡

Fünfzüger

1

1. Kg4—g3 Kc5—d5
Zugzwang.
2. Sd6—e4 Kd5—e5
3. Se4—f6 Ke5—f5
4. Sf6—g4 Kf5×g5
5. Ta6—a5‡

2

1. Se5—d7 Kh4—h5
Zugzwang.
2. g2—g3 Kh5—h6
3. g3—g4 Kh6—h7
4. Sd7—f6† Kh7—h6
5. g4—g5‡

Selbstmatte

1. In drei Zügen

1. Se6—g7 Sh5×g7 (—f4)
Zugzwang.
2. Tg6×f6† S—e6†
3. Kd4—e3 d5—d4‡

1. .... Sh5—g3
2. Ld2—b4† a5×b4
3. Sg7—f5† Sg3×f5‡

2. In zwei Zügen

1. La2—f7 b4—b3
Zugzwang.
2. Dh6—f8† Lg1—c5‡

1. .... Lg1~!
2. Dh6—c1† Th1×c1‡

Dreizüger von Otto Fuss und F. Möller

1

1. Df6—h8 Lg8∼
Zugzwang.
2. Tb5—b2† ∼
3. Dh8—a8, Sd2—b3‡

1. .... b6×c5
2. Dh8—b2† a3×b2
3. Tb5—a5‡

1. .... Lh2—g1
2. Tb5—b1 ∼
3. Dh8—a1, ×g8‡

1. .... Lh2∼
2. Dh8—h1 ∼
3. Dh1—b1‡

1. .... e6—e5
2. Dh8×g8† Ka2—a1
3. Tb5—b1‡

2

1. Kg2—f1 f7—f6
Droht Sf5—e7.
2. Lh3—g2† Ke4×f5
3. Sb3—d4‡

1. .... Lg7—f6
2. Sf5—e3 ∼
3. Lh3—f5‡

1. .... Ke4—d5
2. Sf5—e3† ∼
3. b4—b5, Lh3—f5‡

1. .... c3—c2
2. Sb3—d2† Ke4—d5
3. Dg3—d6‡

1. .... Lg7—e5
2. Dg3—g2† ∼
3. Dg2—e2, —g4‡

1. .... Tf8—e8
2. d7×e8 : D† Ke4—d5
3. Sf5—e3‡

1. .... ∼
2. Sf5—e7 ∼
3. Lh3—g2, —f5‡

Eine kleine Auswahl unserer Schachbücher

Eröffnungsfallen am Schachbrett. Von Eugen Snosko-Borowsky. Nach der englischen Ausgabe bearbeitet von Professor A. Becker, Wien. Mit vielen Diagrammen. IV, 124 Seiten. 1939. Geb. RM. 3.80

Kombinationen. Eine planmäßig geordnete und eingehend erläuterte Sammlung von 257 Mittelspielstellungen im Schach. Von Kurt Richter. Mit 259 Voll- und 53 Teil-Diagrammen. Oktav. IV, 115 Seiten. 1936. Geb. RM. 2.50

Kurt Richters beste Partien. Von A. Brinckmann. Mit vielen Diagrammen. IV, 120 Seiten. 1939. Geb. RM. 3.80

Meine besten Partien (1908—1923). Von A. Aljechin. Mit einer Einleitung: „Aljechins Schaffen" von Dr. S. Tartakower. Mit einem Titelbild und zahlreichen Diagrammen. Groß-Oktav. IV, 240 Seiten. 1929. RM. 10.—, geb. 11.—

Auf dem Wege zur Weltmeisterschaft (1923—1927). Von A. Aljechin (Alekhine). Mit einem Titelbild und vielen Diagrammen. Oktav. IV, 226 Seiten. 1932. RM. 8.—, geb. 9.—

Böhmische Schachminiaturen. Von Fr. Dedrle. Hundert ausgewählte Aufgaben böhmischer Problemkomponisten. Mit Diagrammen. Oktav. VIII, 100 Seiten. 1922. RM. 2.40

Schacholympia München 1936. Herausgegeben im Auftrage des Großdeutschen Schachbundes von Kurt Richter, Willi Schlage u. a. 2 Bände. Mit vielen Abbildungen.
1. Band. Oktav. IV, 176 Seiten. 1936. Geb. RM. 3.20
2. Band. Oktav. IV, 192 Seiten. 1937. Geb. RM. 3.80

WALTER DE GRUYTER & CO., BERLIN W 35

FSC
www.fsc.org
MIX
Papier | Fördert
gute Waldnutzung
FSC® C083411

Zeitfracht Medien GmbH
Ferdinand-Jühlke-Straße 7
99095 Erfurt, Deutschland
produktsicherheit@kolibri360.de